供电企业常见法律纠纷

案例评析

人资管理类

国网浙江省电力有限公司衢州供电公司　组编

刘慧　主编

中国电力出版社
CHINA ELECTRIC POWER PRESS

图书在版编目（CIP）数据

供电企业常见法律纠纷案例评析. 人资管理类/刘慧主编；国网浙江省电力有限公司衢州供电公司组编. —北京：中国电力出版社，2019.12（2023.3重印）

ISBN 978-7-5198-3250-6

Ⅰ．①供…　Ⅱ．①刘…②国…　Ⅲ．①供电－工业企业－经济纠纷－案例－中国②供电－工业企业－人力资源－管理－经济纠纷－案例－中国　Ⅳ．①D922.292.5②D922.505

中国版本图书馆 CIP 数据核字（2019）第 277035 号

出版发行：中国电力出版社
地　　址：北京市东城区北京站西街 19 号（邮政编码 100005）
网　　址：http://www.cepp.sgcc.com.cn
责任编辑：杨敏群　王　欢
责任校对：黄　蓓　常燕昆
装帧设计：郝晓燕
责任印制：钱兴根

印　　刷：三河市百盛印装有限公司
版　　次：2019 年 12 月第一版
印　　次：2023 年 3 月北京第二次印刷
开　　本：710 毫米×1000 毫米　16 开本
印　　张：13.5
字　　数：198 千字
定　　价：45.00 元

党的十八大以来，党中央将依法治国纳入"四个全面"战略布局，开创了国家法治建设的新局面。国家电网有限公司作为关系国家能源安全和国民经济命脉的国有重要骨干企业，按照"三全五依"法治企业建设部署，解难题，补短板，强管理，促发展，走出了一条适合国情、电情、企情的法治之路。法治企业建设正成为国家电网有限公司全面履行政治责任、经济责任、社会责任的坚强基石，成为全面建成世界一流能源互联网企业的重要保障。

加强法治宣传教育，需要把依法治企的要求全面贯穿到各层级、各业务、各岗位，固化到每项业务流程，真正形成闭环和有效的法律风险防控机制，形成决策问法、办事依法、遇事找法、解决问题靠法的良好法治氛围。电网企业的法治建设与企业的中心工作、经营管理全过程管控深度融合，在聚焦法律热点的同时专注电网业务，能够让法治建设的各项工作要求更好地落地生根。让法律服务与电网业务深度融合并发挥更大的作用，需要电网企业的法律工作从法律部门"单兵作战"向企业各部门协同转变，从专项业务向全面覆盖、全员参与的全局性、战略性工作升级。

本书结合供电企业人力资源管理方面常见的法律纠纷类型，归纳整理了劳动争议、养老保险、工伤保险、加班工资、解除合同、经济补偿、职务行为等7个方面35个焦点问题。为了给读者有针对性、权威的指引，本书所摘取的案例均来自可公开查询的"裁判文书网"和"无讼网"，每个案例都标明了案号并逐一介绍，便于一线非法律人员顺利阅读，也方便法律专业人员更详尽地了解案情的来龙去脉。

需要特别说明的是，本书选取的案例更多关注对同一事由作出差异判决的案件，包括裁判理由和责任比例，如对历史遗留的农电体制改革问题作出的不同判决和裁定、对单位组织的外出旅游发生意外的工伤认定等。不同的法院会援引不同的法律条文，得出不同的裁判理由或判决比例，这是正常现象。列出这些有差异的案件，是想让读者明白法院对此类案件可能作出怎样的判决，在具体工作中应该跟进哪些防范措施。

限于编者水平，疏漏之处在所难免，恳请各位专家、读者提出宝贵意见。

本书编写组
2019 年 7 月

目 录

劳 动 争 议 篇

信访扰乱秩序可行政拘留并罚款

一、案情简介

案号：（2015）沛行初字第 0033 号、（2015）徐行终字第 00224 号、（2017）苏行申 448 号

案情简介：2014 年 3 月 3 日原告到北京中南海周边地区信访，起因是与县供电公司因架设高压线路引发纠纷。2014 年 3 月 4 日县公安局作出行政处罚决定，决定给予原告行政拘留五日的处罚。2014 年 5 月 27 日，原告与县供电公司自愿协商达成协议，主要内容：乙方赔偿甲方 135000 元，赔偿款分三次付清，协议签订后，纠纷得到解决，双方针对此事自愿放弃诉讼及上访的权利等。2015 年 3 月 3 日，原告再次携带上访材料在北京市中南海周边地区非访时，被北京市公安机关带离，2015 年 3 月 4 日被接回。2015 年 3 月 4 日县公安局对原告到中南海周边地区上访作为治安案件予以立案，决定给予原告行政拘留十日的处罚并送达。县公安局对其实施了行政拘留。原告不服该行政处罚，提起诉讼。一审法院认为，被告依据有关书证、当事人陈述、证人证言等证据认定原告扰乱公共场所秩序，基本事实清楚，定性准确，处罚程序合法，适用法律正确，判决驳回原告诉讼请求。二审维持原判。原告申请再审被驳回。

二、法律分析

（一）关键法条

《治安管理处罚法》

第七条　国务院公安部门负责全国的治安管理工作。县级以上地方各级人民政府公安机关负责本行政区域内的治安管理工作。

治安案件的管辖由国务院公安部门规定。

第二十三条　有下列行为之一的，处警告或者二百元以下罚款；情节较重的，处五日以上十日以下拘留，可以并处五百元以下罚款：

（一）扰乱机关、团体、企业、事业单位秩序，致使工作、生产、营业、医疗、教学、科研不能正常进行，尚未造成严重损失的；

（二）扰乱车站、港口、码头、机场、商场、公园、展览馆或者其他公共场所秩序的；

（三）扰乱公共汽车、电车、火车、船舶、航空器或者其他公共交通工具上的秩序的；

（四）非法拦截或者强登、扒乘机动车、船舶、航空器以及其他交通工具，影响交通工具正常行驶的；

（五）破坏依法进行的选举秩序的。

聚众实施前款行为的，对首要分子处十日以上十五日以下拘留，可以并处一千元以下罚款。

《电力法》

第七十条　有下列行为之一，应当给予治安管理处罚的，由公安机关依照治安管理处罚条例的有关规定予以处罚；构成犯罪的，依法追究刑事责任：

（一）阻碍电力建设或者电力设施抢修，致使电力建设或者电力设施抢修不能正常进行的；

（二）扰乱电力生产企业、变电所、电力调度机构和供电企业的秩序，致使生产、工作和营业不能正常进行的；

（三）殴打、公然侮辱履行职务的查电人员或者抄表收费人员的；

（四）拒绝、阻碍电力监督检查人员依法执行职务的。

《信访条例》

第十六条　信访人采用走访形式提出信访事项，应当向依法有权处理的本级或者上一级机关提出；信访事项已经受理或者正在办理的，信访人在规定期限内向受理、办理机关的上级机关再提出同一信访事项的，该上级机关不予受理。

第十八条　信访人采用走访形式提出信访事项的，应当到有关机关设立或者指定的接待场所提出。

多人采用走访形式提出共同的信访事项的，应当推选代表，代表人数不得超过5人。

第二十条　信访人在信访过程中应当遵守法律、法规，不得损害国家、社会、集体的利益和其他公民的合法权利，自觉维护社会公共秩序和信访秩序，不得有下列行为：

（一）在国家机关办公场所周围、公共场所非法聚集，围堵、冲击国家机关，拦截公务车辆，或者堵塞、阻断交通的；

（二）携带危险物品、管制器具的；

（三）侮辱、殴打、威胁国家机关工作人员，或者非法限制他人人身自由的；

（四）在信访接待场所滞留、滋事，或者将生活不能自理的人弃留在信访接待场所的；

（五）煽动、串联、胁迫、以财物诱使、幕后操纵他人信访或者以信访为名借机敛财的；

（六）扰乱公共秩序、妨害国家和公共安全的其他行为。

《公安机关办理行政案件程序规定》

第十条　第一款　行政案件由违法行为地的公安机关管辖。由违法行为人居住地公安机关管辖更为适宜的，可以由违法行为人居住地公安机关管辖，但是涉及卖淫、嫖娼、赌博、毒品的案件除外。

第四款　移交违法行为人居住地公安机关管辖的行政案件，违法行为地公安机关在移交前应当及时收集证据，并配合违法行为人居住地公安机关开展调查取证工作。

（二）要点简析

1. 信访应遵循正常途径与方式

信访人对于自己的诉求，应当通过正当的程序和途径，以理性合法的方式表达，做到二"应"二"不应"。

一是应到指定的地点信访。根据《信访条例》第十八条第一款规定，信访人采用走访形式提出信访事项的，应当到有关机关设立或者指定的接待场所提出。北京天安门地区、中南海周边、中央领导人住地、外国驻华使领馆区以及国家举行重大政治和其他活动的场所不是指定的信访接待场所。

二是应自觉维护信访秩序。根据《信访条例》第二十条规定，信访人在信访过程中应当遵守法律、法规，不得损害国家、社会、集体的利益和其他公民的合法权利，自觉维护社会公共秩序和信访秩序。该条对信访人不得有六类行为作了明确规定。

三是不应越级上访。根据《信访条例》第十六条规定，信访人采用走访形式提出信访事项，应当向依法有权处理的本级或者上一级机关提出；信访事项已经受理或者正在办理的，信访人在规定期限内向受理、办理机关的上级机关再提出同一信访事项的，该上级机关不予受理。

四是不应违法群访。根据《信访条例》第十八条第二款规定，多人采用走访形式提出共同的信访事项的，应当推选代表，代表人数不得超过 5 人。

2. 对非正常信访人可处以拘留或罚款

根据《治安管理处罚法》第二十三条规定，信访人不按正常的途径、程度上访的，扰乱车站、港口、码头、机场、商场、公园、展览馆或者其他公共场所秩序的，可以处警告或者二百元以下罚款；情节较重的，处五日以上十日以下拘留，可以并处五百元以下罚款。

3. 当地公安部门对越级信访有管辖权

从本专题所列的案例看，越级信访的行政拘留及罚款处罚决定均由当地县公安机关作出。这是根据《公安机关办理行政案件程序规定》第十条第一款规定，"行政案件由违法行为地的公安机关管辖。由违法行为人居住地公安机关管辖更为适宜的，可以由违法行为人居住地公安机关管辖，但是涉及卖淫、嫖娼、赌博、毒品的案件除外。"越级信访虽违法行为发生在北京，但信访人的户籍和居住地在当地，其进京信访所要反映的事项也发生在当地，因此由当地公安机关对信访人的违法行为进行管辖更为适宜，当地公安对信访人作出行政处罚系依法行使管辖权。

三、管理建议

1. 规范设置信访接待场所

根据《信访条例》规定，信访人采用走访形式提出信访事项的，应当到有关机关设立或者指定的接待场所提出。供电企业作为关系民生的国有企业，也涉及为数不少的信访接待，因此也应设立专门的信访接待场所，方便信访接待。笔者建议供电企业设立信访接待场所时应独立设置并合理布置，至少应实现与电力调度大楼办公区域隔离，同时也要规范信访室接待流程、规章制度等上墙内容，以有效引导正常信访，维护供电企业良好形象。

2. 规范信访接待方式

从前文要点简析可知，信访人对自己的诉求，应当通过正当的程序和途径以理性合法的方式表达。在具体信访接待中，应运用好信访接待的相关规定，对越级上访的，应及时告知信访人到有权处理的本级或者上一级机关提出。对超过 5 人群访的，要及时引导群访人推选代表。对经过三级信访已终结的事项，要做好息访息诉的情绪疏导、政策解释、思想教育和人员稳控等工作，争取早日案结事了。

3. 妥善处理重大信访事项

简单的纠纷，客户的诉求往往通过 95598 客服电话就可以得到迅速、有效地解决，因此供电企业的信访需要面对的往往是一些老大难甚至是历史遗留的问题。这就需要相关部门经常对 95598 或群众来信来访中反映的带普遍性、倾向性的问题加以综合研究、解决。各专业在日常工作中遇有重大、苗头性的事项，也应及时向当地信访部门报告，制订应对预案。一旦发生群访、非访等可能造成社会影响、损害企业声誉的重大、紧急信访事项和信访信息，应及时向政府和上一级供电企业汇报，并及时向公安机关报案，果断处理，防止不良影响的发生、扩大。

四、参考案例

案例 1：为反映单位用工问题越级上访被行政拘留七日

案号：（2016）晋 0227 行初 21 号、（2016）晋 02 行终 68 号、（2017）晋行申 255 号

案情简介：2016 年 3 月 26 日，原告与同事共 21 人为反映单位用工问题到北京走访。2016 年 4 月 1 日，原告等 21 人在中南海周边走访、滞留，被公安民警查获并训诫。之后原告被送到北京市马家楼接济服务中心，后被解劝接返回原籍。2016 年 4 月 1 日，县公安局接县信访局移送，于 4 月 2 日受理原告扰乱公共秩序案，进行调查取证，向原告询问情况，当场制作询问笔录，履行了处罚前告知义务。同日，县公安局作出行政处罚决定书，对原告行政拘留七日。行政处罚执行完毕后，原告不服，提起行政诉讼，未获法院支持。

案例 2：因劳动合同纠纷到越级上访被行政拘留十日并罚款

案号：（2016）冀 0229 行赔初 8 号

案情简介：原告原系县供电公司员工，后与供电公司因解除劳动关系发生纠纷。自 2012 年 5 月以来，原告到各级信访部门上访未果后，分别于 2016 年 7 月 15 日、7 月 23 日、8 月 3 日到北京市中南海周边非信访地区上访，均被北京市民警查获，送至北京市久敬庄接济服务中心，后被镇政府的工作人员接回。2016 年 8 月 29 日，县供电公司工作人员报警称原告到北京市中南海周边非信访地区上访。被告县公安局于 2016 年 8 月 29 日立案，于 2016 年 9 月 8 日作出对原告行政拘留十日并处罚款 500 元的处罚决定并送达。原告不服该行政处罚决定，提起行政赔偿诉讼，请求县公安局赔偿 52923 元。法院驳回原告的赔偿请求。

案例 3：阻挠高压线路施工及送电被行政拘留七日

案号：（2015）普行初字第 27 号、（2015）大行终字第 264 号

案情简介：2013 年 5 月，第三人某电力有限公司开工建设变电所配出工程线路，该线路需经过原告经营的水泥制品厂厂区上空。当施工人员在原告厂区附近埋设电线杆时，原告与施工人员发生争执，经办事处等部门领导协调，原告虽未完全同意埋杆架线，但也未予阻止。2013 年 5 月份，施工人员欲架设电线时，原告又到现场阻止，后经协调，施工人员将原告厂区上空电线架设完毕。2013 年 6 月份某天，在该线路工程施工过程中，原告在自己的空心砖厂的院内用一根 10 米长的铁棍接触在电线上，用一根 10 米长的铁线将两根电线系在一起，阻挠电业部门正常供电，经第三人工作人员多次劝说无果。2013 年 8 月 20 日，第三人将变电所配出工程线路全部施工完毕，但因原告的阻挠行为，致使该线路至今不能正常供电。2014 年 1 月 6 日，第三人以原告无理阻挠和干扰送电工作为由，向被告某公安分局报案。被告受案后，经过调查取证，向原告说明利害关系，原告仍未拆除系在涉案高压线上的铁棍及铁线。被告在对具体损失额无法作出评估，不能作为刑事案件处理后，于 2014 年 11 月 13 日作出行政处罚决定书，给予原告行政拘留七日的行政处罚。原告不服该处罚，于 2015 年 1 月 21 日申请行政复议，行政复议维持原行政处罚决定。原告诉至法院。一审法院认为，原告认为第三人架设高压线危及其生命、财产安全，应当通过正当渠道、采取合法手段予以解决，采取阻碍供电的极端手段，违反了《电力法》第七十条的相关规定。一审驳回原告诉讼请求。二审维持原判。

聚众哄闹供电企业涉嫌犯罪或判有期徒刑

一、案情简介

案号：（2017）鲁 1721 刑初 380 号

案情简介：2017 年 5 月 23 日 8 时许，因亲属在其他村民家铺地砖时不慎触电死亡，被告人甲，乙等二十余人携带花圈、横幅、冥币等到县供电公司门口，采取拉横幅、摆花圈、撒纸钱、烧纸、哭闹等方式围堵县供电公司大门，阻碍车辆和人员出入。经县公安局民警、县供电公司工作人员多次劝阻无效。直至 17 时许，被告人被县公安局民警带离现场。被告人聚众哄闹县供电公司，造成该公司施工车辆无法达到施工现场，来公司领料的车辆无法出去，致使多处线路抢修现场因缺少物资无法开展工作，并引起大量群众围观，给供电公司造成了严重的负面影响。县人民检察院以聚众扰乱社会秩序罪，于 2017 年 9 月 7 日向法院提起公诉。法院以聚众扰乱社会秩序罪，判处被告人甲有期徒刑一年六个月；判处被告人乙有期徒刑一年，缓刑二年。

二、法律分析

（一）关键法条

《刑法》

第二百九十条 聚众扰乱社会秩序罪；聚众冲击国家机关罪、扰乱国家机关工作秩序罪；组织、资助非法聚集罪聚众扰乱社会秩序，情节严重，致使工作、生产、营业和教学、科研、医疗无法进行，造成严重损失的，对首要分子，处三年以上七年以下有期徒刑；对其他积极参加的，处三年以下有期徒刑、拘役、管制或者剥夺政治权利。

聚众冲击国家机关，致使国家机关工作无法进行，造成严重损失的，对首要分子，处五年以上十年以下有期徒刑；对其他积极参加的，处五年以下有期徒刑、拘役、管制或者剥夺政治权利。

多次扰乱国家机关工作秩序，经行政处罚后仍不改正，造成严重后果的，处三年以下有期徒刑、拘役或者管制。

多次组织、资助他人非法聚集，扰乱社会秩序，情节严重的，依照前款的规定处罚。

《治安管理处罚法》

第七条　国务院公安部门负责全国的治安管理工作。县级以上地方各级人民政府公安机关负责本行政区域内的治安管理工作。

治安案件的管辖由国务院公安部门规定。

第二十三条　有下列行为之一的，处警告或者二百元以下罚款；情节较重的，处五日以上十日以下拘留，可以并处五百元以下罚款：

（一）扰乱机关、团体、企业、事业单位秩序，致使工作、生产、营业、医疗、教学、科研不能正常进行，尚未造成严重损失的；

（二）扰乱车站、港口、码头、机场、商场、公园、展览馆或者其他公共场所秩序的；

（三）扰乱公共汽车、电车、火车、船舶、航空器或者其他公共交通工具上的秩序的；

（四）非法拦截或者强登、扒乘机动车、船舶、航空器以及其他交通工具，影响交通工具正常行驶的；

（五）破坏依法进行的选举秩序的。

聚众实施前款行为的，对首要分子处十日以上十五日以下拘留，可以并处一千元以下罚款。

《电力法》

第七十条　有下列行为之一，应当给予治安管理处罚的，由公安机关依照治安管理处罚条例的有关规定予以处罚；构成犯罪的，依法追究刑事责任：

（一）阻碍电力建设或者电力设施抢修，致使电力建设或者电力设施抢修不能正常进行的；

（二）扰乱电力生产企业、变电所、电力调度机构和供电企业的秩序，致使生产、工作和营业不能正常进行的；

（三）殴打、公然侮辱履行职务的查电人员或者抄表收费人员的；

（四）拒绝、阻碍电力监督检查人员依法执行职务的。

《信访条例》

第四十七条　违反本条例第十八条、第二十条规定的，有关国家机关工作人员应当对信访人进行劝阻、批评或者教育。

经劝阻、批评和教育无效的,由公安机关予以警告、训诫或者制止;违反集会游行示威的法律、行政法规,或者构成违反治安管理行为的,由公安机关依法采取必要的现场处置措施、给予治安管理处罚;构成犯罪的,依法追究刑事责任。

(二)要点简析

1. 聚众哄闹供电公司影响电力抢修,情节严重可处以刑罚

非正常信访如果仅仅只是扰乱车站、港口、码头、机场、商场、公园、展览馆或者其他公共场所秩序的,可以处警告或者二百元以下罚款;情节较重的,处五日以上十日以下拘留,可以并处五百元以下罚款,此为治安处罚。如果信访人从事以上行为,阻碍电力建设或者电力设施抢修,致使电力建设或者电力设施抢修不能正常进行,且情节严重的,根据《电力法》第七十条,应依法追究刑事责任。该刑事责任为《刑法》第二百九十条规定的聚众扰乱社会秩序罪,对首要分子,处三年以上七年以下有期徒刑;对其他积极参加的,处三年以下有期徒刑、拘役、管制或者剥夺政治权利。前文中,因为被告人聚众哄闹县供电公司的行为,致使供电公司施工车辆无法达到施工现场,来公司领料的车辆无法出去,致使多处线路抢修现场因缺少物资无法开展工作,最终被法院以聚众扰乱社会秩序罪追究刑事责任。

2. 非法群访的首要分子和其他积极参加者面临较重的处罚

煽动、串联、胁迫、以财物诱使、幕后操纵不明真相的群众采取过激方式参与非正常信访的,组织、资助他人或者提供交通工具协助他人非正常信访的,或者以信访为名借机敛财,插手社会管理事务,扰乱社会秩序的首要分子、组织策划者和积极参与者,将面临较重的处罚。

三、管理建议

1. 信访人员应加强学习吃透政策,引导信访人合理反映诉求

信访问题大多比较复杂,涉及面多。信访工作人员要想做好信访工作,必须吃透弄懂政策,才能做到有理有据,游刃有余。对于信访人提出的不合理要求,要旗帜鲜明、态度坚决地及时予以回复,不要让信访

人有不合理、不合法的心理预期。对于顽固缠访闹访情况，要及时汇报，会同上级和本单位专业部门一起面对信访人，解除疑问，引导信访人依法按程序反映合理诉求。部分符合政策但目前落实尚有一定困难的，要说明情况，坦诚交换意见，争取信访人的理解和支持。对不符合政策法律的，应引导其全面了解政策法律，使之息诉罢访。

2. 重大信访事项应及时争取公安机关的支持

对于违法上访行为，坚持教育与处罚并重，对采取极端方式闹访、借上访之名煽动闹事的，坚决依法严肃处理。上访人不听信访工作人员劝阻教育、不接受公安机关训诫、制止，执意采取非正常上访行为的，公安机关可以依法采取必要手段强行驱散或强行带离现场。如果上访人不听公安机关警告，继续实施非正常上访行为，或采取过激方式上访的，公安机关可以依据《治安管理处罚法》和《信访条例》等有关规定依法处理；构成犯罪的，要依法追究其刑事责任。

四、参考案例

案例：因劳动纠纷越级上访并索要钱财涉寻衅滋事罪

案号：（2017）鄂 0922 刑初 287 号

案情简介：原告系供电公司农电工。2008 年，原告所在省份为规范农电工的管理，要求所有农电工与新成立的县三新农电有限公司签订劳动合同，原告拒不签订劳动合同，要求按供电公司正式职工重新安排工作，补偿此前的工资差额、保险待遇等，并以此为信访理由于 2009 年开始上访。2011 年 10 月 30 日省电力公司复核，原告的信访事项缺乏法律和政策依据，不予支持，信访事项三级终结，由该省处理信访突出问题及群体性事件领导小组审核认定，于 2011 年 12 月 7 日报中央联席会议办公室备案。

原告为发泄不满，违反信访规定，以相同理由，在国家两会及重大节日期间多次到北京中南海走访，被县公安局多次行政拘留，被北京市公安局多次训诫。上访期间，原告以上访为要挟，以报销上访费用、赔偿损失为由，多次向县供电公司索要钱财共计 23 268.90 元。2017 年 12 月 11 日，县人民检察院以被告人犯寻衅滋事罪，向法院提起公诉。法院判决被告人犯寻衅滋事罪，判处有期徒刑二年六个月，缓刑三年。

信访接待应注意程序合法、答复及时

一、案情简介

案号：（2014）连行诉初字第 00012 号、（2014）苏行诉终字第 00307 号

案情简介：原告因不服县供电公司《关于某某上访一事的调查情况》，于 2007 年 1 月 30 日至市供电局，请求依法复查。2012 年 5 月 16 日上午，原告再次到市供电公司要处理结果。2012 年 5 月 17 日，原告向市供电公司邮寄一份书面请求，请求书面答复 2012 年 5 月 16 日接待原告的是否是赵主任，2007 年 1 月 30 日收条是否为市供电公司工作人员所写。市供电公司未书面答复。原告诉至法院请求判令市供电公司书面答复，2012 年 5 月 16 日接待原告的是否是赵主任，2007 年 1 月 30 日收条是否为市供电公司工作人员所写。

法院认为：市供电公司并非行使行政职权的行政机关，故不是行政诉讼的适格被告，市供电公司不予答复原告的行为也不构成行政不作为。该院裁定：对原告的起诉不予受理。二审维持原裁定。

二、法律分析

（一）关键法条
《信访条例》

第四条　信访工作应当在各级人民政府领导下，坚持属地管理、分级负责，谁主管、谁负责，依法、及时、就地解决问题与疏导教育相结合的原则。

第二十二条　第二款　有关行政机关收到信访事项后，能够当场答复是否受理的，应当当场书面答复；不能当场答复的，应当自收到信访事项之日起 15 日内书面告知信访人。但是，信访人的姓名（名称）、住址不清的除外。

第三十三条　信访事项应当自受理之日起 60 日内办结；情况复杂的，经本行政机关负责人批准，可以适当延长办理期限，但延长期限不得超过 30 日，并告知信访人延期理由。法律、行政法规另有规定的，从

其规定。

第三十四条 信访人对行政机关作出的信访事项处理意见不服的，可以自收到书面答复之日起 30 日内请求原办理行政机关的上一级行政机关复查。收到复查请求的行政机关应当自收到复查请求之日起 30 日内提出复查意见，并予以书面答复。

第三十五条 信访人对复查意见不服的，可以自收到书面答复之日起 30 日内向复查机关的上一级行政机关请求复核。收到复核请求的行政机关应当自收到复核请求之日起 30 日内提出复核意见。

复核机关可以按照本条例第三十一条第二款的规定举行听证，经过听证的复核意见可以依法向社会公示。听证所需时间不计算在前款规定的期限内。

信访人对复核意见不服，仍然以同一事实和理由提出投诉请求的，各级人民政府信访工作机构和其他行政机关不再受理。

最高人民法院《关于不服县级以上人民政府信访行政管理部门、负责受理信访事项的行政管理机关以及镇（乡）人民政府作出的处理意见或者不再受理决定而提起的行政诉讼人民法院是否受理的批复》

一、信访工作机构是各级政府或政府工作部门授权负责信访工作的专门机构，其依据《信访条例》作出的登记、受理、交办、转送、承办、协调处理、督促检查、指导信访事项等行为，对信访人不具有强制力，对信访人的实体权利不产生实质影响。信访人对信访机构依据《信访条例》处理信访事项的行为或者不履行《信访条例》规定的职责不服提起行政诉讼的，人民法院不予受理。二、信访人对信访工作机构依据《信访条例》作出的处理意见、复查意见等决定不服提起行政诉讼的，人民法院不予受理。

《信访事项简易办理办法（试行）》

第八条 对适用简易办理的信访事项，有权处理的行政机关应当在收到之日起 3 个工作日内决定是否受理。可以当即决定的，应当当即告知信访人。

第九条 对适用简易办理的信访事项，有权处理的行政机关应当在受理之日起 10 个工作日内作出处理意见。可以当即答复的，应当当即出具处理意见。

（二）要点简析

1. 切实把握信访基本原则

根据《信访条例》第四条规定，信访工作应当在各级人民政府的领导下，坚持属地管理、分级负责，谁主管、谁负责，依法、及时、就地解决问题与疏导教育相结合的原则。供电企业作为国有企业，虽然面临较多的信访事项，但还是应当坚持在各级人民政府的领导下开展信访工作，化解矛盾。

2. 应注意信访处理的相关期限

根据《信访条例》第二十二条、第三十三条、第三十四条、第三十五条，对信访处理各环节的时限汇总如下：

环节	一般时限	经批准延长时限
受理	当场	不能当场受理的，15日内书面告知
办理	60日	30日
复查提出	30日内受理请求	无
复查意见	30日内提出	无
复核提出	30日内受理请求	无
复核意见	30日内提出	无

《信访事项简易办理办法（试行）》时限：受理3个工作日内，处理10个工作日内。

3. 信访应遵循三级终结制度

根据《信访条例》第三十三、三十四、三十五条规定，信访三级终结即办理、复查、复核三级终结，指的是同一信访事项，按照法定程序，经过三级行政机关依次做出处理意见、复查意见、复核意见后，有权处理的行政机关终止受理该信访事项，该信访事项处理终结。信访人仍以同一事实和理由提出投诉请求的，各级人民政府信访工作机构和其他行政机关不再受理。

三、管理建议

1. 信访答复应统一

信访接待立足点要放在积极稳妥地解决信访事项上。一般来说，信访人都是可以沟通的。对于无理缠访、闹访人员，信访接待时切不可随意作答，而要慎言慎行，并且及时与上下级办理部门取得联系，统一答复口径。如果各部门、上下级掌握的政策尺度不一样，对信访人答复口径不统一，说话模棱两可，没有严格按程序处理，容易使信访人产生误解，对诉求存在不切实际的幻想，产生过高的期望值，造成不断信访。

2. 信访答复应避免超期

根据《信访条例》，信访事项应当自受理之日起 60 个工作日内办结，情况复杂的，可以适当延长办理期限，但延长期限不得超过 30 个工作日，并告知信访人延期理由。供电企业的信访部门往往不是信访事项的具体办理部门，因此对于不能当场答复的，要及时向信访人说明情况，条件允许的话要及时通报进展情况；对有关职能部门办理的信访事项，应及时督查催办，避免办理超期，引发诉讼。

3. 应做好保密工作

信访工作人员要遵守保密纪律，不宜公开的材料，不能随意泄露、扩散，不能将检举、控告的信访材料转给被检举的单位和个人，更不宜把内部讨论处理的情况向信访者或信访反映人泄露，上级组织和领导对处理信访问题的批示、信访工作文件、信访登记簿、信访情况报告、统计资料等应妥善保存，不宜擅自外传，影响信访事项的正常办理。

四、参考案例

案例： 因他人窃电被停电引发多年积访

案号：（1995）西经初字第 360 号、（1997）经复字第 91 号、（2006）豫法立民字第 35 号、（2006）西民再字第 14 号、（2007）洛民终字第 481 号（2009）洛民再字第 6 号、（2012）豫法民提字第 64 号

案情简介： 原告 1993 年 11 月开始租用某服务公司的临时营业房经营录像厅。1994 年 3 月 17 日，供电公司发现某服务公司营业房用电线路上有窃电现象，即在电能表处切断电路。原告未窃电，向供电公司提出恢复供电要求。供电公司为其从别处临时接电。5 月 20 日，供电公司发现其他用户又在临时接电处接线用电，即以窃电为由连同原告的线路全部切断。5 月 21 日晚，原告未经供电公司准许，私自又在临时接电处接通线路用电。5 月 23 日上午，供电公司再次切断供电。后原告向供电公司申请单

独装表被供电公司以不符合装表条件为由拒绝。1995 年 7 月底原告另搬他处经营。此后，原告多次上访后起诉，要求供电公司赔偿因断电给其造成的损失，但未能提供相应证据。一审法院于 1995 年 11 月 23 日作出判决：原告的诉讼请求不予支持。

原告不服一审判决，向法院申请再审被驳回。原告申诉至省高级人民法院，省高级人民法院指令再审。再审法院于 2006 年 12 月 14 日判决撤销 1995 年 11 月 23 日作出的经济判决，判令供电公司赔偿原告 15 天经济损失，每天按 300 元计算，共计 4500 元。供电公司不服上诉，二审法院维持原判。但原告仍不服，向法院提起申诉，请求供电公司赔偿经济损失 126 万余元，未获法院支持。

历史积案产生的劳动争议应关注诉讼时效

一、案情简介

案号：（2016）内 2222 民初 682 号、（2017）内 22 民终 45 号、（2017）内民申 1600 号

案情简介：原告于 1991 年到电力局所属的修配厂工作，1998 年因修配厂不景气回家待岗等通知。其后原告一直未到单位上班，被告也未发放工资。2016 年 1 月 12 日，原告经多次信访后，提起劳动仲裁未被受理，诉至法院请求被告继续履行劳动合同，支付给原告自 1999 年 1 月至今的拖欠工资及相关待遇，并给付拖欠工资总额 100% 赔偿金。一审法院认为：根据信访局出具的证明载明：原告于 2013 年 1 月 4 日到自治区信访局上访，证明原告于 2013 年 1 月主观上已经明确得知被上诉人与其解除了劳动合同关系，但直至 2016 年才向仲裁机关提出仲裁申请，已超过诉讼时效，判决驳回原告的诉讼请求。二审维持原判。原告再审申请被驳回。

二、法律分析

（一）关键法条
《劳动法》

第七十九条 劳动争议发生后，当事人可以向本单位劳动争议调解委员会申请调解；调解不成，当事人一方要求仲裁的，可以向劳动争议仲裁委员会申请仲裁。当事人一方也可以直接向劳动争议仲裁委员会申请仲裁。对仲裁裁决不服的，可以向人民法院提起诉讼。

第八十二条 提出仲裁要求的一方应当自劳动争议发生之日起六十日内向劳动争议仲裁委员会提出书面申请。仲裁裁决一般应在收到仲裁申请的六十日内作出。对仲裁裁决无异议的，当事人必须履行。

《劳动合同法》

第三十条 用人单位应当按照劳动合同约定和国家规定，向劳动者及时足额支付劳动报酬。

用人单位拖欠或者未足额支付劳动报酬的，劳动者可以依法向当地人民法院申请支付令，人民法院应当依法发出支付令。

《劳动争议调解仲裁法》

第十六条　因支付拖欠劳动报酬、工伤医疗费、经济补偿或者赔偿金事项达成调解协议，用人单位在协议约定期限内不履行的，劳动者可以持调解协议书依法向人民法院申请支付令。人民法院应当依法发出支付令。

第二十七条　劳动争议申请仲裁的时效期间为一年。仲裁时效期间从当事人知道或者应当知道其权利被侵害之日起计算。

第二十九条　劳动争议仲裁委员会收到仲裁申请之日起五日内，认为符合受理条件的，应当受理，并通知申请人；认为不符合受理条件的，应当书面通知申请人不予受理，并说明理由。对劳动争议仲裁委员会不予受理或者逾期未作出决定的，申请人可以就该劳动争议事项向人民法院提起诉讼。

劳动关系存续期间因拖欠劳动报酬发生争议的，劳动者申请仲裁不受本条第一款规定的仲裁时效期间的限制；但是，劳动关系终止的，应当自劳动关系终止之日起一年内提出。

第四十七条　下列劳动争议，除本法另有规定的外，仲裁裁决为终局裁决，裁决书自作出之日起发生法律效力：

（一）追索劳动报酬、工伤医疗费、经济补偿或者赔偿金，不超过当地月最低工资标准十二个月金额的争议；

（二）因执行国家的劳动标准在工作时间、休息休假、社会保险等方面发生的争议。

第四十八条　劳动者对本法第四十七条规定的仲裁裁决不服的，可以自收到仲裁裁决书之日起十五日内向人民法院提起诉讼。

最高人民法院《关于审理劳动争议案件适用法律若干问题的解释（2008调整）》

第一条　劳动者与用人单位之间发生的下列纠纷，属于《劳动法》第二条规定的劳动争议，当事人不服劳动争议仲裁委员会作出的裁决，依法向人民法院起诉的，人民法院应当受理：

（一）劳动者与用人单位在履行劳动合同过程中发生的纠纷；

（二）劳动者与用人单位之间没有订立书面劳动合同，但已形成劳动关系后发生的纠纷；

（三）劳动者退休后，与尚未参加社会保险统筹的原用人单位因追索养老金、医疗费、工伤保险待遇和其他社会保险费而发生的纠纷。

第三条　劳动争议仲裁委员会根据《劳动法》第八十二条之规定，以当事人的仲裁申请超过六十日期限为由，作出不予受理的书面裁决、决定或者通知，当事人不服，依法向人民法院起诉的，人民法院应当受理；对确已超过仲裁申请期限，又无不可抗力或者其他正当理由的，依法驳回其诉讼请求。

最高人民法院《关于审理劳动争议案件适用法律若干问题的解释（二）》

第一条　人民法院审理劳动争议案件，对下列情形，视为劳动法第八十二条规定的"劳动争议发生之日"：

（一）在劳动关系存续期间产生的支付工资争议，用人单位能够证明已经书面通知劳动者拒付工资的，书面通知送达之日为劳动争议发生之日。用人单位不能证明的，劳动者主张权利之日为劳动争议发生之日。

（二）因解除或者终止劳动关系产生的争议，用人单位不能证明劳动者收到解除或者终止劳动关系书面通知时间的，劳动者主张权利之日为劳动争议发生之日。

（三）劳动关系解除或者终止后产生的支付工资、经济补偿金、福利待遇等争议，劳动者能够证明用人单位承诺支付的时间为解除或者终止劳动关系后的具体日期的，用人单位承诺支付之日为劳动争议发生之日。劳动者不能证明的，解除或者终止劳动关系之日为劳动争议发生之日。

第三条　劳动者以用人单位的工资欠条为证据直接向人民法院起诉，诉讼请求不涉及劳动关系其他争议的，视为拖欠劳动报酬争议，按照普通民事纠纷受理。

最高人民法院《关于审理劳动争议案件适用法律若干问题的解释（三）》

第一条　劳动者以用人单位未为其办理社会保险手续，且社会保险经办机构不能补办导致其无法享受社会保险待遇为由，要求用人单位赔偿损失而发生争议的，人民法院应予受理。

第二条　因企业自主进行改制引发的争议，人民法院应予受理。

第三条　劳动者依据劳动合同法第八十五条规定，向人民法院提起诉讼，要求用人单位支付加付赔偿金的，人民法院应予受理。

（二）要点简析

1. 劳动争议仲裁前置及其例外情形

根据《劳动法》七十九条和最高人民法院《关于审理劳动争议案件适用法律若干问题的解释（2008 调整）》第一条规定，人民法院受理劳动争议案件以是否经劳动争议仲裁委员会裁决过为前提，即"劳动争议仲裁前置程序"。但同时相关的法律法规还规定了部分例外情形，主要有以下两类：

一是拖欠劳动报酬争议。根据《劳动合同法》第三十条、《劳动争议调解仲裁法》第十六条和最高人民法院《关于审理劳动争议案件适用法律若干问题的解释（二）》第三条，劳动者以用人单位工资欠条为证据直接向人民法院起诉，视为拖欠劳动报酬争议，按照普通民事纠纷受理。因支付拖欠劳动报酬、工伤医疗费、经济补偿或者赔偿金事项达成调解协议，用人单位在协议约定期限内不履行的，劳动者可以持调解协议书依法向人民法院申请支付令。

二是无法享受社保待遇的纠纷。根据最高人民法院《关于审理劳动争议案件适用法律若干问题的解释（三）》第一条，劳动者以用人单位未为其办理社会保险手续，且社会保险经办机构不能补办导致其无法享受社会保险待遇为由，要求用人单位赔偿损失而发生争议的，人民法院应予受理。

此外还有因企业自主进行改制引发的争议、用人单位拒不履行加付赔偿金义务、劳动人事争议仲裁委员会逾期未作出受理决定或者仲裁裁决等，也属于法院直接受理的情形。

2. 劳动争议申请仲裁时效 2008 年以后从 60 日延长为 1 年

1995 年施行的《劳动法》第八十二条规定，劳动争议申请仲裁的时效为六十日。2008 年施行的《劳动争议调解仲裁法》将劳动争议申请仲裁的时效调整为 1 年。若对劳动仲裁裁决不服的，可自收到劳动仲裁裁决书 15 日内向人民法院提起诉讼。

3. 终局裁决只有劳动者有权向人民法院提起诉讼

根据《劳动争议调解仲裁法》第四十七条、第四十八条规定，追索劳动报酬、工伤医疗费、经济补偿或者赔偿金，不超过当地月最低工资标准十二个月金额的争议；因执行国家的劳动标准在工作时间、休息休假、社会保险等方面发生的争议的裁决为终局裁决，只有劳动者有权向人民法院提起诉讼。

三、管理建议

1. 关注历史积案的诉讼时效

前文案例属于历史积案。供电企业在办理历史积案时，应关注劳动争议的诉讼时效、仲裁前置等关键问题。对确已超过仲裁申请时效的事项，应据理力争，请求法院予以驳回。特别应注意的是，对 2008 年《劳动争议调解仲裁法》生效前产生的劳动争议，计算时效时应按照 1995 年颁布的《劳动法》，执行 60 日的申请时效。不过无论是 60 日还是 1 年，对因农电体制改革所产生的历史积案，结果都是一样的，即已超过了诉讼时效。

2. 规范本单位社会通用工种的用工管理

供电企业的社会通用工种用工量大、种类多，是较易产生劳动争议的部位。2008 年以来，供电企业在《劳动合同法》等系列法律法规的指引下，通过非核心岗位劳务派遣、非核心业务劳务外包等形式，逐步规范了社会通用工种的用工管理，基本解决了同工同酬、培训考核等方面的问题，目前已过了社会通工种劳动争议诉讼案件的高发期。

四、参考案例

案例 1：农电体制改革引发的诉讼已超过诉讼时效

案号：（2015）贵民一初字第 03507 号、（2016）皖 17 民终 137 号、（2017）皖民申 331 号

案情简介：原告于 1978 年到电管站工作直至 2000 年底。原告在农电体制改革过程中落聘，按工作年限给予一次性经济补偿。原告从 2014 年至 2015 年先后就其系老电管员，要求解决养老保险等问题向有关部门信访过。2015 年 12 月 7 日，原告申请劳动仲裁未被受理。原告诉至法

院，请求确认原被告之间于 1978 年至 2000 年期间存在劳动关系，被告为原告补办社会保险，自 1990 年至法定退休时止。一审法院认为：原告请求已超过一年时限，判决驳回原告的诉讼请求。二审维持原判。2017 年 11 月再审申请被驳回。

案例 2：因超生开除超过诉讼时效被驳回

案号：（2016）苏 1281 民初 193 号、（2016）苏 12 民终 860 号

案情简介：原告于 1976 年 3 月至镇电管站工作。因违反计划生育，于 1992 年 9 月 21 日被取消镇电管站在编农电工资格并开除。2015 年 9 月 25 日，原告的劳动争议仲裁申请被裁定不予受理。2016 年 1 月 6 日，原告提起诉讼。一审法院认为：根据原告起诉时陈述："1991 年之后就不要我做了，工资就发到 1991 年。之后的 1994 年龙卷风、2001 年农网改造，他们又请我帮忙，报酬按每天 30～40 元计算"，判定原告在 1991 年已明知被辞退的事实，双方劳动人事关系于 1991 年已解除，原告的请求亦早已超过法律规定的时效。判决驳回原告的诉讼请求。二审维持原判。

非自主改制引发的劳动争议法院不受理

一、案情简介

案号：（2016）晋 0729 民初 925 号、（2017）晋 07 民终 1540 号、（2017）晋民申 1847 号

案情简介：原告 1965 年为亦工亦农电工，1985 年成为乡镇电管站备案农电工。在 1999 年电管站改制过程中，原告因不符合招聘条件未被录用。原告诉至法院要求被告补交养老保险费。一审法院经审查认为，原告起诉要求供电企业为其补交养老保险及支付经济补偿，不属于人民法院民事诉讼的受案范围。一审法院裁定驳回原告的起诉。二审维持原裁定。2017 年 11 月再审申请被驳回。

二、法律分析

（一）关键法条

《民事诉讼法》2017 年 6 月 27 日第三次修正

第一百一十九条　起诉必须符合下列条件：

（一）原告是与本案有直接利害关系的公民、法人和其他组织；

（二）有明确的被告；

（三）有具体的诉讼请求和事实、理由；

（四）属于人民法院受理民事诉讼的范围和受诉人民法院管辖。

最高人民法院《关于审理与企业改制相关的民事纠纷案件若干问题的规定》法释〔2003〕1 号

第三条　政府主管部门在对企业国有资产进行行政性调整、划转过程中发生的纠纷，当事人向人民法院提起民事诉讼的，人民法院不予受理。

最高人民法院《关于审理劳动争议案件适用法律若干问题的解释（三）》法释〔2010〕12 号

第二条　因企业自主进行改制引发的争议，人民法院应予受理。

《实施〈中华人民共和国社会保险法〉若干规定》人力资源和社会保障部令第 13 号，2011 年 7 月 1 日起施行

第二十九条　2011 年 7 月 1 日后对用人单位未按时足额缴纳社会保险费的处理，按照社会保险法和本规定执行；对 2011 年 7 月 1 日前发生的用人单位未按时足额缴纳社会保险费的行为，按照国家和地方人民政府的有关规定执行。

《乡电管站管理办法》能源农电【1989】1286 号（已失效）

第十五条　农村电工应实行人身劳动保险或其他方式，以解决因公伤、残、病、亡及老有所养问题，暂时没有条件的应创造条件逐步解决。

（二）要点简析

1. 法院应受理因企业自主进行改制而引发的纠纷

最高人民法院《关于审理劳动争议案件适用法律若干问题的解释（三）》第二条的规定，"因企业自主进行改制引发的争议，人民法院应予受理"。另根据《最高人民法院关于审理与企业改制相关的民事纠纷案件若干问题的规定》第三条，政府主管部门在对企业国有资产进行行政性调整、划转过程中发生的纠纷，当事人向人民法院提起民事诉讼的，人民法院不予受理。因此，人民法院仅受理企业自主进行改制而引发的民事纠纷。

2. 因农电体制改革引发的劳动争议不属于法院受理范围

为加强农村电力管理，国家于二十世纪分别下发了《〈关于加快农村电力体制改革加强农村电力管理意见〉的通知》《国家经贸委印发〈关于加快乡（镇）电管站改革若干问题的指导意见〉的通知》等文件，要求各地实施农电体制改革。各省政府及主管部门也出台了相关的政策性文件。可见，农电体制改革不是由供电企业自主进行的改制。对于政府及其相关部门主导的农电体制改革，其权利转移等事项并非供电企业自身所能决定的。如本专题所列的各省案例，原告不符合从原乡镇电管站和村电工中择优选聘的条件而落聘，且落聘后一般均已经领取了一次性经济补偿金。原告与原电管电站劳动关系的终止和因超龄问题无法获得供电企业择优聘用的机会，完全受制于改革政策方面的局限，与原、被告双方的意志无关。原告对当时的处理有异议，对因政策改革带来的历史遗留问题提出诉讼，该纠纷既不是用人单位与劳动者在履行劳动合同过程中发生的劳动争议，也不属于形成事实劳动关系后发生的劳动争议，而是农电体制改革过程中出现的问题。农电体制改革之中供电企业与落聘电管员、村电工之间的关系不属于平等主体之间的民事法律关系，由此引发的纠纷，应当由政府有关部门按照当时的政策规定统筹解决，因此引发的劳动争议不属法院受理范围。

供电企业其他因政策性、非自主改制引发的纠纷也可参照处理。

三、管理建议

1. 做好历史积案的信访接待工作

信访积案的本质是利益问题，案结事了和息诉息访是化解信访积案的核心。历史积案持续时间长、负面影响和处理难度大。受制于地方政府政策等制约，供电企业在处理劳动争议类历史积案方面，可作为的余地并不大，信访人的诉求已高于供电企业职责范围，往往导致重复上访甚至越级上访不断发生，成为影响供电企业和谐稳定发展的突出问题，因此做好信访积案的信访接待成为一个大课题。

一是要注重信访接待细节。历史积案信访人之所以提求诉求，是因为他们往往与供电企业存在千丝万缕的关系。作为信访接待人，要从人文关怀的角度出发，耐心细致地做好思想疏导、理顺情绪工作，用真心、真情感化信访人。对信访人生活确实有困难的，也要合理合法地运用好重要节日慰问、发动员工个人捐助等方式，为其解决生产生活中的实际问题。

二是要积极引导法律途径。不仅要积极引导信访人通过信访复查复核、行政复议、司法诉讼、仲裁等渠道解决历史遗留问题，还要综合运用人民调解、行政调解和司法调解等方式，有效整合信访、维稳等资源，最大限度地发动社会资源参与化解信访积案。

三是要力促政府完善政策。供电企业要积极向政府及主管部门反映情况，促进政府注重从顶层设计、政策层面解决历史问题，从源头化解，以点带面，解决带普遍性的信访积案。

2. 注意人力资源政策的平衡性与延续性

社会结构和利益格局的不断调整，势必影响部分人员的利益，产生矛盾纠纷，久而久之，变成了积案。由农电体制改革引发的纠纷，给供电企业的教训不可谓不深。农电体制改革起于 20 世纪末 21 世纪初，但全面爆发信访与诉讼则在近几年。为什么在改革到位后十多年才爆发，究其原因，重要的一点是该批信访人到达退休年龄后发现，同类人员有的可以领养老金，而有的不能。各地供电企业在解除劳动关系时，有支付一次性经济补偿的，也有以经济补偿金缴纳养老保险的。根据《乡电管站管理办法》第十五条，农村电工应实行人身劳动保险或其他方式解决老有所养问题，并没有强制要求参加劳动保险。一次性补偿和缴纳社会保险都符合当时的政策要求，但最后结果却截然不同。可见人资政策的平衡性特别是本地区的平衡非常重要。执行政策不延续、不平衡、不完善、不周全，将导致出现的问题得不到及时妥善处理，留下"后遗症"。农电体制改革关于养老保险关系的处理，给供电企业提供了政策平衡性的警示，值得今后人力资源管理部门深思。

四、参考案例

案例 1：因农电体制改革引发的劳动纠纷不属于法院受理范围

案号：（2012）连民终字第 0692 号民事裁定、（2014）苏审二民申字第 0690 号

案情简介：原告系 1990 年进入原乡电管站工作的编外村电工。2001 年 5 月 28 日被辞退。2010 年 8 月 5 日，供电企业向原告发出《农电体制改革未招用人员（原编外村电工）一次性经济补偿发放通知》，发给一次性补偿 3600 元。原告在该通知书上签名并领取了 3600 元补偿款。2012 年 3 月，原告申请劳动仲裁，因超过仲裁时效被裁定不予受理。2012 年 3 月 16 日，原告诉至法院请求被告补办五险一金及退休手续。一审法院认为：原告曾作为编外农村电工，因企业用人制度的改革未被招用，企业已对原告进行了补偿。被告供电公司根据上级的相关政策、文件精神，对劳动用工进行改制，根据有关规定，由此引发的纠纷也不属于人民法院的受案范围。一审法院裁定驳回起诉。二审法院维持原裁定。再审申请于 2014 年 7 月被驳回。

案例 2：政府主管部门在对国有资产进行行政性调整、划转过程中产生的纠纷不属于法院受理范围

案号：（2014）辽审三民申字第 276 号

案情简介：2009 年 8 月，某省电力有限公司依据国务院国有资产监

督管理委员会《关于某省农电局等 79 家地方农电企业（单位）国有产权无偿划转有关问题的批复》，作出将全省 79 家农电企业国有产权移交各地方供电公司的通知文件。移交接收阶段主要工作内容分为两点，一点为财务资产接收，另一点为人员接收，其中文件中规定的人员接收条件为"2008 年 12 月 31 日在册的农电趸售全民职工""农电工和集体职工保持原身份不变"。

原告为农电工，诉至法院请求接收为供电公司职工。法院认为，政府主管部门在对企业国有资产进行行政性调整、划转过程中发生的纠纷，不属于民事纠纷，人民法院不予受理。

案例 3：电力企业改制而引发的纠纷不属于法院受理范围

案号：（2015）都民诉初字第 0006 号、（2015）盐民诉终字第 00036 号、（2016）苏民申 511 号

案情简介：原告诉称，原告等 95 人均是经过某供电公司严格培训和考核合格取得相关上岗证照后上岗的。1998 年 10 月 4 日，某供电公司在农村电改时将原告等 95 人辞退，拒绝解决辞退期间依法应享有的经济补偿金、社会保险等权益，原告等 95 人数次上访维权均未果。现要求供电公司支付自参加农电工作至 1998 年 10 月 4 日辞退前的经济补偿金；补缴社会保险金，为已达到或超过法定退休年龄的人员办理养老保险退休手续并补发养老金；支付自辞退之日起至起诉之日止的下岗生活费并承担本案的诉讼费用。一审法院认为：原告要求供电公司落实被辞退的农电工相关待遇、补办退休手续等，系因电力企业改制而引发的纠纷，属于历史遗留的政策问题，不属于人民法院主管事项，裁定驳回起诉。二审法院维持原裁定。95 人的再审申请于 2016 年 5 月被驳回。同类人员另案 55 人的再审申请于 2016 年 1 月被驳回。

部分省份认可村电工为非全日制劳动关系

一、案情简介

案号：（2012）漳民终字第898号、（2014）闽民申字第1229号

案情简介：原告系村电工，负责供电公司所属的平原地区508户用电户抄表，并根据抄表的度数收取电费，由供电所根据原告管理的用户数按月支付工资。原告管的508户用电户的抄表和收取电费工作，每月最多仅需四天时间，工作时间较短。原告还向其所在村承包了责任田。原告于2010年1月1日与县劳务派遣有限公司签订劳动合同，该公司将原告派遣至供电公司从事非全日制岗位工作。现原告起诉要求确认与供电公司的全日制劳动关系。一审法院判决原被告之间存在非全日制用工关系。原告不服上诉。二审维持原判，再审驳回。

二、法律分析

（一）关键法条

《劳动合同法》

第六十八条　非全日制用工，是指以小时计酬为主，劳动者在同一用人单位一般平均每日工作时间不超过四小时，每周工作时间累计不超过二十四小时的用工形式。

第六十九条　非全日制用工双方当事人可以订立口头协议。

从事非全日制用工的劳动者可以与一个或者一个以上用人单位订立劳动合同；但是，后订立的劳动合同不得影响先订立的劳动合同的履行。

第七十条　非全日制用工双方当事人不得约定试用期。

第七十一条　非全日制用工双方当事人任何一方都可以随时通知对方终止用工。终止用工，用人单位不向劳动者支付经济补偿。

第七十二条　非全日制用工小时计酬标准不得低于用人单位所在地人民政府规定的最低小时工资标准。

非全日制用工劳动报酬结算支付周期最长不得超过十五日。

《劳动合同法实施条例》

第三十条　劳务派遣单位不得以非全日制用工形式招用被派遣劳动者。

《关于非全日制用工若干问题的意见》劳社部发〔2003〕12号

（十）从事非全日制工作的劳动者应当参加基本养老保险，原则上参照个体工商户的参保办法执行。对于已参加过基本养老保险和建立个人账户的人员，前后缴费年限合并计算，跨统筹地区转移的，应办理基本养老保险关系和个人账户的转移、接续手续。符合退休条件时，按国家规定计发基本养老金。

（十一）从事非全日制工作的劳动者可以以个人身份参加基本医疗保险，并按照待遇水平与缴费水平相挂钩的原则，享受相应的基本医疗保险待遇。参加基本医疗保险的具体办法由各地劳动保障部门研究制定。

（十二）用人单位应当按照国家有关规定为建立劳动关系的非全日制劳动者缴纳工伤保险费。从事非全日制工作的劳动者发生工伤，依法享受工伤保险待遇；被鉴定为伤残5～10级的，经劳动者与用人单位协商一致，可以一次性结算伤残待遇及有关费用。

（二）要点简析

1. 农村电工基本符合劳务分包或非全日制用工的特点

根据《劳动合同法》第六十八条规定，非全日制用工是指以小时计酬为主，劳动者在同一用人单位一般平均每日工作时间不超过四小时，每周工作时间累计不超过二十四小时的用工形式。实际有两种操作方式：一是供电企业把农村抄表催费业务承包给劳务公司，再由劳务公司与村电工签订《劳务承包合同》，则村电工与供电企业建立的是纯粹的劳务分包关系。二是农村电工不从劳务公司处承包抄表催费等业务，而是直接与供电企业建立合同关系，则根据村电工以抄表数量及电费的回收率等为主计酬、不接受供电企业考勤、家里还有田地，有事才工作的特殊用工形式，基本符合非全日制用工特点。

2. 用人单位解除非全日制合同不需为劳动者支付经济补偿金

根据《劳动合同法》第六十九条规定，非全日制用工双方当事人可以订立口头协议。因此供电企业与电工之间未签订书面非全日制劳动合同，无需支付二倍工资。如果供电企业与电工之间未约定解除合同的条件，也未约定解除合同后应支付经济补偿金，则双方当事人任何一方都可以随时终止用工，且不支付经济补偿金。

3. 用人单位应当为非全日制用工缴纳工伤保险

根据《关于非全日制用工若干问题的意见》第十条、第十一条、第十二条规定，非全日制工作的劳动者应当参加基本养老保险，原则上参照个体工商户的参保办法执行，可以以个人身份参加基本医疗保险，排除了用工单位为非全日制劳动者缴纳基本养老保险、基本医疗保险的义务，但规定了用工单位应当为非全日制劳动者缴纳工伤保险费。从事非全日制工作的劳动者发生工伤，依法享受工伤保险待遇。

三、管理建议

与全日制用工相比，用人单位使用非全日制用工有一定的灵活性：一是可以不签订书面劳动合同。二是企业可以随时终止非全日制用工，且无需支付经济补偿。三是用工单位没有为非全日制劳动者缴纳基本养老保险、基本医疗保险的法定义务。

但是非全日制用工也存在一定的限制，如非全日制用工劳动报酬结算支付周期最长不得超过十五日，用工单位不能通过劳务派遣单位招用非全日制用工等。供电企业应结合当地的实际情况，合理合法地运用非全日制用工形式处理历史遗留问题。

四、参考案例

案例 1：确认农电工的非全日制劳动关系，不支付经济补偿金

案号：（2016）闽民申 1534 号

案情简介：原告等 19 人为农电工。农电体制改革前，上述人员与电力公司签订协议书，从事抄表收费等农村用电协管工作。农电体制改革后，被告供电所继续将代抄、代收业务委托该部分人员至 2013 年 4 月。原告等 19 人向法院提起诉讼请求确认劳动关系。一审期间，经法院组织调解，供电公司同意按照劳动关系存续期间 19 人的工资标准向各人发放自 2012 年 8 月起至劳动关系解除时止的工资。2016 年 8 月，该案经再审，确认双方存在非全日制用工关系。

案例 2：非全日制的劳动关系终止用工时不支付经济补偿金

案号：（2010）梅法民三初字第 70 号、（2011）梅中法民一终字第 6 号、（2013）梅中法审监民再字第 3 号、（2015）粤高法审监民提字第 74 号

案情简介：原告于 1983 年起负责其所在村的抄表、收费等用电管理工作，报酬由电价的差价或由所在村和当时的所在镇政府下属供电所按每个台变及抄表数量及电费的回收率给予相应的报酬。2001 年 6 月以后，根据农电体制改革精神，原告不属于原镇供电所在编人员，未被供电局招聘录用。原镇供电所的用电管理权移交给县供电局后，原告仍负责其原负责的台变用户的抄表、收费工作，2002 年至 2004 年间，原被告之间曾经签订了短期的《农村管电员聘任合同书》，原告的报酬按此约定履行至 2010 年 3 月 30 日。2010 年 5 月，原告以供电局违反规定解除劳动关系为由申请劳动仲裁，被裁定不予受理。

一、二审法院认定原告与县供电局建立的是劳务关系，驳回原告的诉讼请求。该案经再审、检察院抗诉后提审，最终认定县供电局与原告之间已形成了非全日制的劳动关系，对于非全日制用工，双方当事人任何一方都可以随时终止用工，且不支付经济补偿金。

坚持政府主导依法履行退役士兵安置义务

一、案例简介

案号：（2015）永冷民初字第 1694 号、（2015）永中法民三终字第 679 号

刘某 2009 年 12 月应征入伍，2011 年 12 月退出现役，为城镇退役士兵。某市人民政府退伍军人安置办公室依据《关于 2010 年冬季士兵退出现役工作的通知》将其安置到被告市供电分公司。2012 年 12 月 12 日，市人民政府退伍军人安置办公室向被告发出《关于做好退役士兵接收安置的函》，2012 年 12 月 31 日，开具《城镇退役士兵、转业士官安置工作介绍信》《城镇退役士兵、转业士官安置表》。2013 年 3 月 21 日，原告在市人力资源社会保障局填写好《城镇退役士兵、转业士官安置表》，持《关于城镇复原退伍军人安置的通知》到被告供电分公司报到，但某供电分公司没有接收原告，没有与其签订劳动合同。2012 年 8 月份，原告到被告下属某供电所工作至 2013 年 7 月离开，期间该供电所以预支条的形式向原告支付劳动报酬。2015 年 6 月 15 日，原告向市劳动人事争议仲裁委员会申请劳动仲裁，市劳动人事争议仲裁委员会以仲裁请求不属于劳动（人事）争议处理范围为由不予受理原告的劳动仲裁，原告向原审法院提起劳动争议诉讼。因不属于劳动合同纠纷，不属于民事诉讼法适用范围，法院判决：驳回原告刘某的诉讼请求。刘某不服，提出上诉。

二审法院驳回上诉，维持原判。

此外，刘某对市安置办、市人社局等单位也提起了行政诉讼，但事实上因为某市供电分公司已优先给刘某提供公司下属供电所岗位，然其拒绝接受，并拒绝接受一次性补偿的安置方式，所提诉讼均以败诉告终。

二、法律分析

（一）关键法条

《宪法》

第五十五条　保卫祖国、抵抗侵略是中华人民共和国每一个公民的

神圣职责。

依照法律服兵役和参加民兵组织是中华人民共和国公民的光荣义务。

《兵役法》

第六十条　义务兵退出现役，按照国家规定发给退役金，由安置地的县级以上地方人民政府接收，根据当地的实际情况，可以发给经济补助。

义务兵退出现役，安置地的县级以上地方人民政府应当组织其免费参加职业教育、技能培训，经考试考核合格的，发给相应的学历证书、职业资格证书并推荐就业。退出现役义务兵就业享受国家扶持优惠政策。

义务兵退出现役，可以免试进入中等职业学校学习；报考普通高等学校以及接受成人教育的，享受加分以及其他优惠政策；在国家规定的年限内考入普通高等学校或者进入中等职业学校学习的，享受国家发给的助学金。

义务兵退出现役，报考公务员、应聘事业单位职位的，在军队服现役经历视为基层工作经历，同等条件下应当优先录用或者聘用。

服现役期间平时荣获二等功以上奖励或者战时荣获三等功以上奖励以及属于烈士子女和因战致残被评定为五级至八级残疾等级的义务兵退出现役，由安置地的县级以上地方人民政府安排工作；待安排工作期间由当地人民政府按照国家有关规定发给生活补助费；本人自愿选择自主就业的，依照本条第一款至第四款规定办理。

国家根据经济社会发展水平，适时调整退役金的标准。退出现役士兵安置所需经费，由中央和地方各级人民政府共同负担。

第六十一条　士官退出现役，服现役满十二年的，由安置地的县级以上地方人民政府安排工作；待安排工作期间由当地人民政府按照国家有关规定发给生活补助费；本人自愿选择自主就业的，依照本法第六十条第一款至第四款的规定办理。

第六十四条　机关、团体、企业事业单位有接收安置退出现役军人的义务，在招收录用工作人员或者聘用职工时，同等条件下应当优先招收录用退出现役军人；对依照本法第六十条、第六十一条、第六十三条规定安排工作的退出现役军人，应当按照国家安置任务和要求做好落实工作。

军人服现役年限计算为工龄，退出现役后与所在单位工作年限累计计算。

国家鼓励和支持机关、团体、企业事业单位接收安置退出现役军人。接收安置单位按照国家规定享受税收优惠等政策。

《退役士兵安置条例》

第四条　全社会应当尊重、优待退役士兵，支持退役士兵安置工作。国家机关、社会团体、企业事业单位，都有接收安置退役士兵的义务，在招收录用工作人员或者聘用职工时，同等条件下应当优先招收录用退役士兵。

退役士兵报考公务员、应聘事业单位职位的，在军队服现役经历视为基层工作经历。接收安置退役士兵的单位，按照国家规定享受优惠政策。

第二十九条　退役士兵符合下列条件之一的，由人民政府安排工作：

（一）士官服现役满12年的；

（二）服现役期间平时荣获二等功以上奖励或者战时荣获三等功以上奖励的；

（三）因战致残被评定为5级至8级残疾等级的；

（四）是烈士子女的。

符合前款规定条件的退役士兵在艰苦地区和特殊岗位服现役的，优先安排工作；因精神障碍基本丧失工作能力的，予以妥善安置。

符合安排工作条件的退役士兵，退役时自愿选择自主就业的，依照本条例第三章第一节的规定办理。

第三十六条　承担安排退役士兵工作任务的单位应当按时完成所在地人民政府下达的安排退役士兵工作任务，在退役士兵安置工作主管部门开出介绍信1个月内安排退役士兵上岗，并与退役士兵依法签订期限不少于3年的劳动合同或者聘用合同。

合同存续期内单位依法关闭、破产、改制的，退役士兵与所在单位其他人员一同执行国家的有关规定。

接收退役士兵的单位裁减人员的，应当优先留用退役士兵。

《国务院办公厅、中央军委办公厅转发民政部总参谋部等部门关于深入贯彻〈退役士兵安置条例〉扎实做好退役士兵安置工作意见的通知》国办发〔2013〕78号文

三、采取有力措施保障符合政府安排工作条件的退役士兵就业

（五）国有、国有控股和国有资本占主导地位企业在新招录职工时应拿出 5%的工作岗位，在符合政府安排工作条件的退役士兵之间公开竞争，用人单位择优招录。确有困难的国有企业，经当地政府批准后，可适当降低接收比例。

《最高人民法院关于审理劳动争议案件适用法律若干问题的解释（2008调整）》

第一条　劳动者与用人单位之间发生的下列纠纷，属于《劳动法》第二条规定的劳动争议，当事人不服劳动争议仲裁委员会作出的裁决，依法向人民法院起诉的，人民法院应当受理：

（一）劳动者与用人单位在履行劳动合同过程中发生的纠纷；

（二）劳动者与用人单位之间没有订立书面劳动合同，但已形成劳动关系后发生的纠纷；

（三）劳动者退休后，与尚未参加社会保险统筹的原用人单位因追索养老金、医疗费、工伤保险待遇和其他社会保险费而发生的纠纷。

（二）要点简析

1. 安置退役士兵是国有企业的法定义务

从《宪法》到《兵役法》，从国务院《退伍士兵安置条例》到相关部委文件，各个层级都突出了对依法服兵役、依法推进退役士兵安置工作的决心和力度。全社会应当尊重、优待退役士兵，支持退役士兵安置工作。2018年国家通过国务院机构改革，专门设立了退役军人事务部，为进一步维护退役军人权益提供了更强的组织保障。

在《兵役法》第五十四条规定，机关、团体、企业事业单位有接收安置退出现役军人的义务，对依照规定安排工作的退出现役军人，应当按照国家安置任务和要求做好落实工作。《退役士兵安置条例》第三十六条对安排退役士兵上岗，与退役士兵依法签订劳动合同或者聘用合同的时间、期限均作出更为明确的规定。《关于深入贯彻〈退役士兵安置条例〉扎实做好退役士兵安置工作意见的通知》中对国有企业的安置任务提出

了 5%的具体数量比例要求。因此，供电企业作为国有企业，接收退役军人的安置任务是法定的义务。

2. 退役士兵安置纠纷不是劳动纠纷

依据《兵役法》《退伍士兵安置条例》等相关规定，提供工作岗位的安置单位与被安置的退役士兵之间建立的关系是安置与被安置的关系，并不是《劳动法》所调整的在"平等自愿、协商一致"基础上建立起来的劳动关系。安排工作后，安置单位拒绝提供工作岗位或者被安置退役士兵拒绝相应工作岗位时，此争议是安置争议，不是《劳动法》调整的劳动争议，不属于民事平等主体之间的人事及财产关系。按照最高人民法院《关于审理劳动争议案件适用法律若干问题的解释》第一条之规定，安置单位与退役士兵之间的安置争议，不符合人民法院受理劳动争议案件的条件。

如果已签订劳动合同，完成安置工作，安置行为已经结束，在劳动合同存续期间，被安置的退役士兵和普通的企业员工没有区别，在同工同酬的同时，也要遵守企业相关的规章制度，服从相应的企业管理，发生劳动纠纷时，不再适用《兵役法》《退伍士兵安置条例》等，而应按照《劳动法》《劳动合同法》及《民事诉讼法》相关规定解决纠纷，依法裁判。

三、管理建议

1. 坚持以政府为主体，积极配合落实安置义务

退役士兵安置方式主要有发给退役金后自谋职业和由政府安排工作两种方式。按照《兵役法》第六十条、六十一条和《退役士兵安置条例》第二十九条，退役士兵符合下列条件之一的，由人民政府安排工作：①士官服现役满 12 年的；②服现役期间平时荣获二等功以上奖励或者战时荣获三等功以上奖励的；③因战致残被评定为 5 级至 8 级残疾等级的；④是烈士子女的。在满足条件的情况下，安置工作的主体是政府，正如前文所述，供电企业作为国有企业，是接收退役士兵的义务主体之一，因此该项工作应坚持以政府为主导。

从目前较多的群体性事件看，由于户籍制度改革、政府退役士兵安置政策变化等原因，同一类群体在不同时期入伍与退役可能享受的政策不一，导致了较多的安置矛盾。供电企业在接收安置士兵时，应当积极配合，做好沟通，避免由于沟通不畅、指标不足等问题而导致无法安置，

引发信访、受到行政处罚等问题。

2. 按照公司系统要求做好安置工作，确保规范到位

供电企业接收退役士兵的指标（全民性质）由总部统一审批后逐级下发至县级供电企业，再由县级供电企业向所在区县退伍军人安置部门报备指标。通常所在地人民政府退役军人安置部门会按照本区域内可接纳人数，组织统一考试，择优选择安排工作。之所以出现前文案例的情况，是因为当地政府在供电企业没有事先获得安置指标的情况下即下达了安置任务，最终造成了安置指标无法落实。因此，供电企业在退役士兵安置过程中，应事先与政府部门做好充分沟通，确保程序到位，避免出现没有安置指标，而政府部门却开出介绍信要求安置的情况。

从公司系统可能涉军群体的信访情况来看，由于公司原因而导致的大规模信访并不多。供电企业遇到安置纠纷，应坚持政府主导和不适用劳动纠纷的原则处理好相关事务。一旦接受安置，即应按照正常用工程序，规范做好上岗培训、签订劳动合同等工作，帮助退役士兵快速了解供电企业文化、规章制度、管理要求，减少劳动纠纷和信访、上访事件。

3. 关注本单位退役士兵员工动态

部分自谋职业的退役士兵领取了退役金和当地政府的经济补助后，通过劳务派遣、集体企业招录等方式在供电企业工作。此时供电企业仅是实际用工单位，并非直接的退役士兵安置工作义务相对人。在一定时期，由于政策或者其他特殊原因可能引发群体性事件时，作为用工单位也有义务按照政府要求做好相应的信访稳控，配合政府了解动态，积极参与政府部门的政策解读和矛盾化解工作。

另一方面，从前文案例可以看出，原告在供电企业下属供电所做临时工近一年后，虽然供电企业并未接受为其安排工作的要求，但原告自行提出了已经具有事实劳动合同关系的诉讼请求。因此，对于不符合安排工作的安置方式，建议及时厘清责任边界，明确用工性质，避免以模棱两可的方式建立双方关系，埋下纠纷隐患。

四、参考案例

案例 1：安置纠纷状告政府部门超时效被驳回

案号：（2015）徐行初字第 00150 号行政裁定、（2016）苏行终 832

号行政裁定、（2018）最高法行申 2272 号

原告訾某之父在其特别授权后于 2011 年 3 月 28 日与当地退伍军人安置办公室签订《市城镇退役士兵自谋职业协议书》，明确约定原告自谋职业，由政府发给一次性经济补助金 32000 元，政府不再负责其工作分配。同年 4 月份，其父领取该款并交付给訾某。原告认为以货币安置金名义发放的事业单位职工身份置换补偿金，不是退伍军人货币安置金，向法院提起诉讼。一审法院认为，其在 2011 年 5 月 1 日前已得知政府不再负责其工作分配的事实，其于 2015 年 7 月起诉已超出 2 年起诉期限，裁定驳回起诉。二审法院以基本相同的理由驳回上诉、维持一审裁定。訾某向最高法院申请再审，认为其至今不知道市政府对其做出过安置的行政行为，起诉未超过时效。訾某的再审申请被驳回。

案例 2：安排工作前要求参加考试择优选择不违法

案号：（2017）陕行终 600 号行政判决、（2018）最高法行申 723 号

某县按照《某县 2011 年和 2012 年退役士兵和转业士官安置工作方案》对退役士兵组织了选拔考试，推荐原告郭某到某特种锌业有限公司和某煤业化工集团等国有企业安置，均被郭某拒绝。原告于 2014 年 8 月 12 日与某县民政局签订《某县城镇退役士兵（转业士官）自谋职业协议书》，经过某县公证处公证，且实际领取了自谋职业补偿金 71000 元。原告向法院起诉，认为县政府采取"突然袭击"的方式，令原告考试选拔安置，明显违法；《某县 2011 年和 2012 年退役士兵和转业士官安置工作方案》内容违法，与《退役士兵安置条例》相抵触。请求确认某县政府按其文件对申请人实行考试选拔的安置行为违法。一审、二审法院驳回其诉讼请求。郭某向最高法申请再审。最高法院认为，公开考试内容并未违反法律规定，驳回原告郭某的再审申请。

案例 3：安置争议不属于法院民事诉讼受理范围

案号：（2018）川 05××民初 1680 号、（2018）川 05 民终 246 号、（2018）川民申 3524 号

原告田某经安置领导小组向市烟草公司下达安置任务后，烟草公司经民政局批准同意，对原告进行有偿转移安置，完成了安置任务。原告向一审法院提起诉讼，认为服务年限和安排工作时间计算工龄，要求办理保险关系接续手续，补发烟草公司自 2015 年 7 月起同意接收开始的工

资、福利待遇，确认恢复其正式职工待遇。一审、二审法院驳回了原告的起诉。原告申请再审。再审法院认为：安置单位与退役士兵就安置问题建立的关系是安置与被安置的关系，双方发生的争议是安置争议。发生与安置有关问题，应当由安置地人民政府处理。本案属安置争议，不属于人民法院民事诉讼受理范围，依法驳回田某的再审申请。

供电企业常见法律纠纷案例评析 (人资管理类)

养老保险篇

劳动者承诺不参加社保因违法而无效

一、案情简介

案号：（2017）湘 1102 民初 340 号、（2017）湘 11 民终 2141 号 201710

案情简介：原告之父于 2015 年 4 月 1 日与被告签订劳动合同，约定月工资 2400 元，劳动期限为 2015 年 4 月 1 日到 2016 年 3 月 31 日。同日，原告之父向被告出具承诺书：承诺在职期间自愿购买意外保险，且费用由本人承担，如本人有意购买其他保险，费用由本人承担。原告之父受被告派遣到供电公司的食堂工作。被告每月把养老金 512.05 元、失业保险 26.95 元、工伤保险 43.12 元、医保 12.5 元发放给原告之父。一年劳动合同期满后，原告之父继续受被告的派遣在供电公司的食堂工作，但双方未续签劳动合同，2016 年 8 月，原告之父因病去世。在劳动关系存续期间，被告没有为原告之父缴纳医疗保险、养老保险、失业保险、工伤保险。2016 年 12 月 9 日，原告其他亲属与被告就原告之父病亡后的补偿问题达成如下协议：被告一次性付给补偿费、特殊困难补助共计 20000 元，以后原告不再向被告和供电公司提出任何权利和主张。原告认为该协议未经其同意并到场签字，遂诉至法院。

一审法院认为，用人单位自用工之日起超过一个月不满一年未与劳动者订立书面劳动合同的，应当自用工之日起满一个月的次日起向劳动者每月支付两倍的工资。被告公司没有为原告之父新缴纳医疗保险，致使其不能享受城镇职工医疗保险待遇，故被告应当补偿原告之父城镇职工医疗保险待遇与新型农村医疗保险补偿之差额部分。被告与原告其他亲属签订的协议未经原告许可，视为无效，但已支付的 2 万元从赔偿额中扣除。二审维持原判。

二、法律分析

（一）关键法条

《社会保险法》

第二条　国家建立基本养老保险、基本医疗保险、工伤保险、失业保险、生育保险等社会保险制度，保障公民在年老、疾病、工伤、失业、生育等情况下依法从国家和社会获得物质帮助的权利。

第三条　社会保险制度坚持广覆盖、保基本、多层次、可持续的方针，社会保险水平应当与经济社会发展水平相适应。

第四条　中华人民共和国境内的用人单位和个人依法缴纳社会保险费，有权查询缴费记录、个人权益记录，要求社会保险经办机构提供社会保险咨询等相关服务。

个人依法享受社会保险待遇，有权监督本单位为其缴费情况。

第六十三条　用人单位未按时足额缴纳社会保险费的，由社会保险费征收机构责令其限期缴纳或者补足。

用人单位逾期仍未缴纳或者补足社会保险费的，社会保险费征收机构可以向银行和其他金融机构查询其存款账户；并可以申请县级以上有关行政部门作出划拨社会保险费的决定，书面通知其开户银行或者其他金融机构划拨社会保险费。用人单位账户余额少于应当缴纳的社会保险费的，社会保险费征收机构可以要求该用人单位提供担保，签订延期缴费协议。

用人单位未足额缴纳社会保险费且未提供担保的，社会保险费征收机构可以申请人民法院扣押、查封、拍卖其价值相当于应当缴纳社会保险费的财产，以拍卖所得抵缴社会保险费。

《继承法》

第十条　遗产按照下列顺序继承：第一顺序：配偶、子女、父母。第二顺序：兄弟姐妹、祖父母、外祖父母。继承开始后，由第一顺序继承人继承，第二顺序继承人不继承。没有第一顺序继承人继承的，由第二顺序继承人继承。本法所说的子女，包括婚生子女、非婚生子女、养子女和有扶养关系的继子女。本法所说的父母，包括生父母、养父母和有扶养关系的继父母。本法所说的兄弟姐妹，包括同父母的兄弟姐妹、同父异母或者同母异父的兄弟姐妹、养兄弟姐妹、有扶养关系的继兄弟姐妹。

《劳动合同法实施条例》

第六条　用人单位自用工之日起超过一个月不满一年未与劳动者订立书面劳动合同的，应当依照劳动合同法第八十二条的规定向劳动者每月支付两倍的工资，并与劳动者补订书面劳动合同；劳动者不与用人单位订立书面劳动合同的，用人单位应当书面通知劳动者终止劳动关系，并依照劳动合同法第四十七条的规定支付经济补偿。

前款规定的用人单位向劳动者每月支付两倍工资的起算时间为用工之日起满一个月的次日，截止时间为补订书面劳动合同的前一日。

（二）要点简析

1. 未按时签订劳动合同应支付两倍的工资

根据国务院发布的《劳动合同法实施条例》第六条规定，用人单位自用工之日起超过一个月不满一年未与劳动者订立书面劳动合同的，应当自用工之日起满一个月的次日起向劳动者每月支付两倍的工资。前文案例中，劳务公司未及时签订劳动合同，故一审法院认定劳务公司应支付原告之父 2016 年 5 月、6 月、7 月三个月期间的双倍工资。

2. 劳动者承诺不参加社保因违法而无效

根据《社会保险法》第四条规定，用人单位和劳动者应依法参加社会保险，缴纳社会保险费。前文案例中，虽然劳动者向用人单位出具了承诺书，承诺不参加社会保险，相关费用由用人单位支付给个人，但是用人单位为劳动者缴纳社会保险是法律规定的强制义务，不因当事人的意思自治而变更。因此，劳动者的承诺书因违反法律强制性规定而无效，用人单位依法应当为劳动者缴纳社会保险，未缴纳的应当依法承担相应的赔偿责任。

三、管理建议

1. 加强劳务派遣公司的监管

前文案例中，法院认为供电企业是接受劳务公司劳务派遣的用工单位，与原告之父不存在劳动关系，原告要求供电企业在本案中与被告公司共同承担民事责任的主张于法无据，法院不予支持。虽然法院未支持原告对供电企业的诉求，但供电企业毕竟还是参与了诉讼，投入了人力、物力。为此，建议供电企业加强劳务派遣公司的监管，掌握劳务公司履行合同的能力和行为，尽量避免因劳务公司不合法用工而影响供电企业的情况。

2. 处理员工遗产应征得所有继承人的同意

前文案例中，原告之父去世后，用人单位应当支付的补偿款属于原告之父的遗产。根据《继承法》第十条，配偶、子女、父母是第一顺序继承人。原告之父的遗产应当由其遗产继承人继承，原告与原告的母亲、兄弟姐妹等均为第一顺序继承人。故用人单位对该部分款项的处理应当获得所有第一顺序继承人的同意。用工单位在原告未到场签字的情况下就与其他亲属签订协议书，该协议事后也未取得原告认可，应当认定无效。被告公司在协议签订后支付的补偿费、特殊困难补助金 2 万元，应当从赔偿款中扣除。

四、参考案例

案例：劳动者自愿放弃社保因违法而无效，但不能因此主张经济补偿

案号：（2016）浙民申 1780 号

2011 年 8 月 11 日，王某进入某公司工作。工作期间，王某自愿签订了一份放弃社保申明书，表示不愿投保并同意公司将应支付的社保份额计入计件薪酬。2015 年 3 月 25 日，王某通过挂号信向公司邮寄一份解除合同通知书，称因公司没有为其缴纳社会保险费，提出被迫解除劳动关系。王某申请仲裁，要公司补缴社保，并要求支付解除合同的经济补偿金 20700 元。仲裁委员会逾期未作出裁决。王某后向法院起诉。

一审法院认为，依照相关法律的规定，用人单位和劳动者必须依法参加社会保险。王某作出的放弃社会保险申明，不符法律规定，属无效约定，公司应当为王某补缴社会保险费，王某应当返还公司社会保险补贴。具体以社会保险经办机构核定公司应负担数额为准。因王某自愿承诺放弃参加社会保险，现又以公司不办理社会保险解除合同为由要求公司支付经济补偿，于法无据，不予支持。二审维持原判。

再审法院认为：王某自愿签署自愿放弃社保申明书，且事实上已经通过领取工资报酬获得了公司本应缴纳的社会保险费，由此，原审判令公司补缴社保的同时判令王某返还社会保险补贴，及驳回其要求支付经济补偿金的诉请，并无不当。否则有可能导致劳动者一方面要求将社会保险费用计入工资发放，另一方面又主张补缴保险费并支付经济补偿金的道德风险。高院驳回了王某的再审申请。

退休时缴费未满 15 年可以申请补足或延长

一、案情简介

案号：（2016）苏 1181 民初 3903 号、（2017）苏 11 民终 2880 号

案情简介：1996 年 5 月，原告至被告公司工作，从事淬火工种。2008 年 3 月，双方签订无固定期限劳动合同。2008 年 3 月 10 日，原告向被告提出书面申请"因本人经济困难，需本人缴纳的部分不能履行……要求不参加有关社会保险，不缴纳自己应缴纳的部分保险费……如因不参加有关社会保险费而引起的后果由本人承担。"2011 年 7 月 1 日《社会保险法》实施后，被告在征得社保行政部门领导的同意，强行为原告办理了养老、工伤、失业保险。2016 年 2 月，原告与被告办理退休手续，并领取了被告支付的一次性退休慰问金 1000 元。因缴费不满 15 年，原告无法领取退休金。为主张退休待遇，原告于 2016 年 5 月 3 日向市劳动仲裁委申请仲裁，该委认为本案不属于受案范围，决定不予受理。原告于 2016 年 5 月 11 日诉至法院。

一审法院认为：原告到退休年龄时缴费年限不满 15 年，其主张退休待遇，应根据相关规定补缴基本养老保险费和依法缴纳滞纳金之后，再按规定享受养老保险待遇。因此原告应通过行政救济途径解决退休待遇，本案纠纷不属于劳动争议，裁定驳回原告的起诉。二审维持原裁定。

二、法律分析

（一）关键法条
《社会保险法》

第二条　国家建立基本养老保险、基本医疗保险、工伤保险、失业保险、生育保险等社会保险制度，保障公民在年老、疾病、工伤、失业、生育等情况下依法从国家和社会获得物质帮助的权利。

第三条　社会保险制度坚持广覆盖、保基本、多层次、可持续的方针，社会保险水平应当与经济社会发展水平相适应。

第四条　中华人民共和国境内的用人单位和个人依法缴纳社会保险

费，有权查询缴费记录、个人权益记录，要求社会保险经办机构提供社会保险咨询等相关服务。

个人依法享受社会保险待遇，有权监督本单位为其缴费情况。

《实施〈中华人民共和国社会保险法〉若干规定》

第二条 参加职工基本养老保险的个人达到法定退休年龄时，累计缴费不足十五年的，可以延长缴费至满十五年，社会保险法实施前参保，延长缴费五年后仍不足十五年的，可以一次性缴费至满十五年。

第二十九条 2011 年 7 月 1 日后对用人单位未按时足额缴纳社会保险费的处理，按照社会保险法和本规定处理；对 2011 年 7 月 1 日前发生的用人单位未按时足额缴纳社会保险费的行为，按照国家和地方人民政府的有关规定执行。

《最高人民法院 2015 年全国民事审判工作会议纪要》

59．用人单位已经为劳动者办理了社会保险手续，但因用人单位欠缴、拒缴社会保险费或者因缴费年限、缴费基数等发生争议，当事人向人民法院起诉的，人民法院告知劳动者向劳动行政部门申请解决。

（二）要点简析

1．退休时缴费年限不满 15 年可延长缴费或一次性补足

根据《实施〈中华人民共和国社会保险法〉若干规定》第二条规定，参加职工基本养老保险的个人达到法定退休年龄时，累计缴费不足十五年的，可以延长缴费至满十五年，《社会保险法》实施前参保，延长缴费五年后仍不足十五年的，可以一次性缴费至满十五年。各地也根据该规定，制定了相应的实施细则。

值得注意的是，前文案例中劳动者的书面承诺发生在 2008 年，即《社会保险法》实施之前，与前一专题的书面承诺发生在 2013 年的情况有所区别。用人单位在《社会保险法》实施后强行为原告缴纳了社会保险，属于履行了义务。

2．关于缴费等事宜发生的争议法院一般不受理

根据《最高人民法院 2015 年全国民事审判工作会议纪要》第 59 条规定，用人单位已经为劳动者办理了社会保险手续，但因用人单位欠缴、拒缴社会保险费或者因缴费年限、缴费基数等发生争议，当事人向人民法院起诉的，人民法院告知劳动者向劳动行政部门申请解决。前文案例

中，原告所在省份已明确规定，参保人员到达法定退休年龄时，其在职或从事社会劳动期间单位和个人欠缴或未按规定足额缴纳基本养老保险费的，应在补缴基本养老保险费和依法缴纳滞纳金之后，再按规定享受养老保险待遇。因此原告的退休待遇应寻行政途径解决。

三、管理建议

1. 用人单位应切实遵循社会保险的强制性

前文案例中，因 2008 年 1 月 1 日《劳动合同法》实施，被告欲为原告办理社会保险，而原告以经济困难，需本人缴纳的部分不能履行为由向被告申请不参加社会保险。如果被告没有在 2011 年强行为原告缴纳社会保险，则可能要和上一专题的案例一样，承担履责不能的赔偿责任，支付相应的赔偿金。

2. 加强劳务公司社保缴纳情况的督查

供电企业对各类直接签订劳动合同的员工，一般不存在漏缴或因员工承诺而不缴社会保险的情况，但不排除劳务派遣公司为节约开支而逃避社保缴纳责任。因此，在选择劳务派遣公司、管理合同履行情况的过程中，应及时督查劳务派遣公司为与其建立劳动关系的劳动者缴纳社会保险的情况，以避免不必要的纠纷。

四、参考案例

无。

"临时工"确定劳动关系后单位有为其缴纳社保义务

一、案情简介

案号：（2012）曲民初字第 829 号、（2013）济民终字第 622 号、（2014）曲民重字第 7 号、（2015）济民终字第 78 号

案情简介：1984 年 7 月，原告被被告供电公司抢修车辆撞伤。1989 年 1 月，原告到被告处做临时工，负责被告门前南北路的卫生清洁。1998 年月工资 60 元，2000 年左右增加到 130 元，2008 年 11 月，原告的工资为每月 300 元。原告现已 70 高龄，要求退休未果，于 2012 年 4 月 16 日申请劳动仲裁被驳回，于 2012 年 7 月 9 日提起诉讼，请求被告支付给其 1984 年 7 月至 1988 年 12 月的生活费 3240 元，1989 年 1 月至 1992 年 12 月期间 6 个月未发的工资 360 元，1993 年 1 月至 2012 年 3 月间未按照同工同酬克扣的工资 534788 元；要求被告依法给其办理养老保险、医疗保险；要求被告依法补偿克扣其的奖金、住房补贴、住房公积金、岗位补贴、工龄补贴、休假休息的双薪工资等劳动福利。

一审法院判决从 2013 年 1 月 30 日起终止原告与被告之间的劳动关系，被告供电公司支付原告 1995 年 4 月 1 日至 2013 年 1 月 30 日低于最低工资标准部分的工资 67880 元，根据该省对未参保集体企业退休人员基本养老保障的相关政策，支付原告养老保险金 184560 元。双方均不服上诉。二审撤销原判，发回重审，重审判决与原一审基本相同。双方不服重审判决上诉。二审维持原判。

二、法律分析

（一）关键法条

《劳动法》

第四十八条 国家实行最低工资保障制度。最低工资的具体标准由省、自治区、直辖市人民政府规定，报国务院备案。

用人单位支付劳动者的工资不得低于当地最低工资标准。

第七十二条 社会保险基金按照保险类型确定资金来源，逐步实行

社会统筹。用人单位和劳动者必须依法参加社会保险，缴纳社会保险费。

《劳动合同法》

第三十六条　用人单位与劳动者协商一致，可以解除劳动合同。

人力资源和社会保障部《关于解决未参保集体企业退休人员基本养老保险等遗留问题的意见》（人社部发〔2010〕107号）

三、坚持社会统筹和个人账户相结合的制度，保持政策的连续性和稳定性。未参保集体企业退休人员参加基本养老保险，应执行现行制度和政策，坚持权利与义务相对应、公平与效率相给合的原则。凡具有城镇户籍，曾经与城镇集体企业建立劳动关系或形成事实劳动关系、2010年12月31日前已达到或超过法定退休年龄的人员，因所在集体企业未参加过基本养老保险，且已经没有生产经营能力、无力缴纳社会保险费，个人可一次性补缴15年的基本养老保险费，纳入基本养老保险。2010年12月31日尚未达到法定退休年龄的人员，要按规定参保缴费，达到法定退休年龄时累计缴费不足15年的，可以缴费至满15年。

四、坚持参保缴费的制度和机制，合理核定基本养老金水平一次性补缴所需费用原则上由个人负担。各地要根据未参保人员的负担能力和参保时的年龄情况，合理确定缴费标准。同时，鼓励具备条件的单位对补缴费给予适当补助。对于纳入基本养老保险且已达到或超过法定退休年龄的人员，要按照《国务院关于完善企业职工基本养老保险制度的决定》（国发〔2005〕38号）的规定，结合当地实际情况，合理核定基本养老金水平，并从参保缴费的次月起按月发放。各地要按照国家的统一规定，结合当地实际情况，落实好未参保人员参保后的相关养老保险待遇。

劳动和社会保障部《关于确立劳动关系有关事项的通知》劳社部发〔2005〕12号

一、用人单位招用劳动者未订立书面劳动合同，但同时具备下列情形的，劳动关系成立。

（一）用人单位和劳动者符合法律、法规规定的主体资格；

（二）用人单位依法制定的各项劳动规章制度适用于劳动者，劳动者受用人单位的劳动管理，从事用人单位安排的有报酬的劳动；

（三）劳动者提供的劳动是用人单位业务的组成部分。

二、用人单位未与劳动者签订劳动合同，认定双方存在劳动关系时可参照下列凭证：

（一）工资支付凭证或记录（职工工资发放花名册）、缴纳各项社会保险费的记录；

（二）用人单位向劳动者发放的"工作证""服务证"等能够证明身份的证件；

（三）劳动者填写的用人单位招工招聘"登记表""报名表"等招用记录；

（四）考勤记录；

（五）其他劳动者的证言等。

其中，（一）、（三）、（四）项的有关凭证由用人单位负举证责任。

（二）要点简析

1. 劳动关系和劳务关系的区别

根据劳动和社会保障部《关于确立劳动关系有关事项的通知》第一条规定，结合具体实务，除主体资格外，确定劳动关系还是劳务关系，主要参考三点：一是用工是否具有长期性、持续性和稳定性的特征，如工资是否按月发放。二是劳动者与用人单位之间是否存在管理与隶属关系。如是否接受考勤、奖惩等。三是劳动者提供的劳动是否属于用人单位业务的组成部分。劳务关系的业务一般由劳动者单独即可完成，而劳动关系的业务一般需要分工协作。根据该《通知》第二条，用人单位未与劳动者签订劳动合同，认定双方存在劳动关系时可参照工资支付凭证或记录（职工工资发放花名册）、工作证、招聘"登记表"、考勤记录等凭证。

2. 确认劳动关系后，用人单位应按最低工资标准补发差额

前文案例中，法院认可了原告、被告之间的劳动关系。原告现已七十高龄，并因身体原因等不再适合继续工作，本人亦要求退休，双方应按照《劳动合同法》第三十六条，终止劳动关系。1995年《劳动法》实施后，国家开始实行最低工资标准。原告、被告双方解除劳动合同前，被告为原告发放的工资应当不低于当地历年的最低工资标准。而被告为原告支付的工资一直低于当地最低工资标准，因此中间的差额部分，应当予以补发。

3. 养老保险无法补偿，用人单位将相应的养老金支付给个人

2011 年人力资源和社会保障部《关于解决未参保集体企业退休人员基本养老保险等遗留问题的意见》出台后，各省针对未参保集体企业退休人员基本养老保障等遗留问题作了具体的规定，对前文案例这一类单位没有为其缴纳社会保险的劳动者开启了补缴之门。但前文案例中的用人单位并未把原告纳入该政策范围。现经过法院认定，原被告之间存在劳动关系，用人单位则应承担相应的责任。除上文所述的补足最低工资外，因劳动者已无法补缴养老保险，用人单位还应参照当地同类人员，向原告支付相应的养老金 18 万余元。原告已过法定退休年龄，被告支付养老金后，无需另行支付合同到期解除的经济补偿金。

三、管理建议

供电企业的社会通用工种种类多、用工量大，是较易产生劳动争议的部位。建议各单位规范本单位社会通用工种的用工管理。2008 年以来，供电企业在《劳动合同法》等系列法律法规的指引下，通过非核心岗位劳务派遣、非核心业务劳务外包等形式，逐步规范了社会通用工种的用工管理，基本解决了同工同酬、培训考核等方面的问题，目前已过了社会通工种劳动争议诉讼案件的高发期。

四、参考案例

案例 1：单位解体时对劳动关系没有处理的应参照补足社保待遇

案号：（2016）吉 0221 民初 1164 号、（2017）吉 02 民终 594 号

案情简介：1985 年 12 月 24 日经县劳动局审批，原告被招录为该县农电局劳动服务公司集体所有制工人。后县农电局劳动服务公司解体，资产由县农电有限公司进行了处分，但职工的劳动关系没有处理。2013 年 11 月 13 日县农电有限公司为原告出具解除（终止）劳动合同证明书，证明原告所在原单位解体，劳动合同自行解除，由原告自行缴纳养老保险。原告于 2016 年 5 月 5 日诉至法院，请求被告给付经济补偿金 33786.67 元，社会保险损失 52247.86 元。一审法院判决被告县农电有限公司按最低工资标准支付 28.5 个月的经济补偿金 31920 元，社会养老保险费的统筹部分 24959.82 元。二审维持原判。

案例 **2**：用人单位应履行最低工资义务

案号：（2010）梅民初字第 168 号、（2010）榕民终字第 1475 号、（2011）闽民申字第 163 号、（2014）梅民初字第 536 号、（2014）榕民终字第 3731 号、（2015）闽民申字第 994 号、（2016）闽民再 101 号

案情简介：两原告自 1997 年 11 月开始在被告处担任变电站的门卫，两人的每月工资合计 450 元，由变电站主任每月考核发放，但不享受被告正式职工的劳保福利待遇。2008 年 1 月，被告通知两原告不再聘请其担任变电站门卫工作。之后原告、被告双方就办理社保等问题多次协商未果，原告向县劳动争议仲裁委员会提起仲裁。县劳动争议仲裁委员会裁决被告应当支付原告 2007 年 11 月至 2008 年 1 月间低于当地最低工资标准的工资 360 元。原告不服裁决于 2009 年 11 月 3 日提起诉讼，要求被告支付原告自 2002 年 5 月份起拖欠工资以及经济补偿金并继续履行协议。2010 年 3 月 19 日法院判决被告支付原告 2007 年 2 月至 2008 年 1 月低于当地最低工资标准的工资 1800 元。原告不服上诉。二审期间，供电公司同意支付 2002 年 5 月至 2008 年 2 月应补发的工资 1.3 万元。二审撤销（2010）梅民初字第 168 号民事判决；判令被告支付 2002 年 5 月至 2008 年 2 月应补发的工资人民币 1.3 万元。原告不服申请再审，被（2011）闽民申字第 163 号民事裁定书裁定驳回。

2014 年 3 月 28 日，原告又提出劳动仲裁申请，未被受理，遂于 2014 年 4 月 16 日，以刚知道原告、被告签订的合同中不享受甲方正式职工的劳保福利待遇，系违反法律法规规定的劳动者切身利益的规章制度等为由，提出诉讼，请求被告赔付因未依法为原告办理社会保险造成的经济损失、赔偿金等合计 348830 元。一审驳回，二审维持原判。原告申请再审，被驳回再审申请。

工 伤 保 险 篇

工会组织文体活动受伤一般可认定为工伤

一、案例

案号：（2016）苏 0213 行初 47 号（2017）苏 02 行终 169 号 201909

案情简介：原告系某公司员工。因备战公司运动会，2015 年 11 月 4 日晚 18 时 30 分许，原告在踢足球时受伤。2016 年 4 月 25 日，原告向市人社局提出工伤认定申请。市人社局经审查后于同日受理，并于 2016 年 5 月 3 日向该公司邮寄发出工伤认定举证通知书。该公司收到后，先后向市人社局提交了关于原告申请认定工伤的意见、关于原告受伤经过的说明、关于导致原告受伤的踢球性质的情况说明、关于原告劳动关系、受伤经过、医疗救治的情况说明、2015 年 9 月 26 日举办运动会通知更新、关于体育活动场地费用支付方式的情况说明、原告上下班考勤记录等材料，并称原告的受伤并非发生在工作时间、工作地点，也并非是因为工作原因，其受伤是发生在下班以后自发组织的踢足球活动中，该踢球活动既不是其公司组织，也不是其公司工会发起，与原告所称的集团组织的运动会也无任何关系，不同意认定原告的受伤为工伤等。2016 年 5 月 20 日、2016 年 5 月 25 日，市人社局分别对原告以及与原告一起踢球的人员进行了调查。查明单位不发正式训练通知，场地费由工会负责，参加的人员变动大，不是每次都参加，踢球时单位没有派具体的服务人员等。市人社局经调查、审核后，于 2016 年 6 月 13 日作出不予认定工伤决定书。原告不服提起行政诉讼。一审法院认为，工会报销场地费用仅是对工会会员自发活动的一种支持，不能以此认定原告的受伤属于因工作原因受伤。判决驳回原告的诉讼请求。二审维持原判。

二、法律分析

（一）关键法条

《国务院法制办公室对〈关于职工参加单位组织的体育活动受到伤害能否认定为工伤的请示〉的复函》（国法秘函〔2005〕311 号）

作为单位的工作安排，职工参加体育训练活动而受到伤害的，应当依照《工伤保险条例》第十四条第（一）项中关于"因工作原因受到事故伤害的"的规定，认定为工伤。

（二）地方规定

《浙江省工伤保险条例》

第十八条　职工有下列情形之一的，视为《工伤保险条例》规定的因工作原因所受的伤害，但职工因故意犯罪、醉酒或者吸毒、自残或者自杀所受的伤害除外：

（三）因参加用人单位统一组织或者安排的学习教育、培训、文体活动所受的伤害；

江苏省人力资源和社会保障厅《关于实施〈工伤保险条例〉若干问题的处理意见》苏人社规〔2016〕3号

八、用人单位安排或者组织职工参加文体活动，应作为工作原因。用人单位以工作名义安排或者组织职工参加餐饮、旅游观光、休闲娱乐等活动，或者从事涉及领导、个人私利的活动，不能作为工作原因。职工因工外出期间从事与工作职责无关的活动受到伤害的，不能作为工作原因。

（三）法律分析

1. 在工会组织的文体训练活动中受伤一般会被认定为工伤

根据《国务院法制办公室对〈关于职工参加单位组织的体育活动受到伤害能否认定为工伤的请示〉的复函》，如果工会组织的体育训练活动是作为单位的工作来安排的，则职工受到伤害应当认定为工伤。可见从2005年以来，参加单位组织的体育活动受到伤害的工伤认定争议并不大。从裁判文书网的案例查询可知，参加单位组织的旅游活动的工伤认定案件明显多于工会组织的文体训练活动中受伤的工伤认定，充分说明与参加单位组织的旅游活动受伤不同，在参加工会组织的文体训练活动中受伤一般会被认定为工伤，因此升级为行政诉讼的情况并不多。

2. 单位应证明工会组织活动是否属于工作原因

员工个人认为其参与工会活动是备战公司运动会或者参加某次比赛，并不能成为认定该活动系单位组织的充分理由。前文案例中，用人单位先后向市人社局提交了原告受伤经过的说明、导致原告受伤的踢球性质的情况说明、关于原告劳动关系、受伤经过、医疗救治的情况说明、举办运动会的通知、体育活动场地费用支付方式的情况说明、原告上下班考勤记录等一系列证明材料，用以证明本单位组织的活动性质及与员工工伤认定之间的关系。单位的证明主要是为了说明参与工会活动受伤与工作原因是否存在直接关联。如何提供上述证明，则应视单位的意愿而定。

三、管理建议

1. 注意工会活动的组织方式

当下，各地供电企业均十分注意职工的身心健康，工会活动搞得有声有色。从维护职工利益和稳定大局的角度出发，建议各单位工会在组织文体活动时，充分了解相关风险，注意活动组织方式，特别应关注训练通知内容的设计，明确活动的纪律，尽可能地建立工会活动与"单位安排的工作"之间的联系，以减少工伤认定纠纷。

2. 注意单位证明材料的提供

在前文所列的案例中，员工参加足球训练受伤之所以未被认定为工伤，主要原因在于单位的意见。从具体案情可知，该用人单位充分表达了不同意认定为工伤的意愿，并提供了一系列原告踢球训练与工作无关的相关证明，是该案不作为工伤的主要原因。单位如何提供证明，将直接影响工伤认定的结果。建议用人单位有关人员在提供相关证明或接受社保机构调查时，尽量与本单位法务人员取得联系，学习工伤认定的相关条文，正确地提供相应的佐证材料。

四、参考案例

无。

单位组织旅游发生意外的工伤认定有争议

一、案例

案例 1：参加单位组织的活动受伤不属于工伤的认定被法院撤销

案号：（2016）皖 0722 行初 15 号、（2016）皖 07 行终 36 号

案情简介：原告系镇卫生院职工，2016 年 1 月被单位派往市人民医院进修。2016 年 3 月 6 日，原告根据市人民医院工会统一安排，参加三八节一日游活动时不慎摔伤，花去医疗费 2 万余元。2016 年 4 月 2 日，镇卫生院为原告申请工伤，县人社局受理后于同年 5 月 11 日作出《不予认定工伤决定书》。因原告不服该决定，于 2016 年 9 月 7 日提起行政诉讼。

一审法院认为，市人民医院组织此次旅游活动，作为员工的一种福利，目的在于调节员工身心、提高员工工作积极性，应视为市人民医院的工作范畴。原告为了享受单位福利参加本次旅游且在活动过程中处于被管理状态，需按既定安排活动，参加此次旅游系非因个人目的而自由从事的活动，因此，其所受伤害应属于工作原因造成。判决撤销《不予认定工伤决定书》，对原告的工伤认定申请重新作出认定结论。县人社局不服上诉。2016 年 12 月，二审驳回上诉，维持原判。

案例 2：法院支持参加单位组织的春游活动受伤不属于工伤

案号：（2016）苏 0411 行初 170 号、（2016）苏 04 行终 406 号

案情简介：原告系饰品店的员工，2016 年 5 月 4 日参加单位组织的春游活动时，不慎从吊床上摔下受伤，造成骨折。2016 年 5 月 20 日，饰品店向市人社局提出工伤认定申请，市人社局当日予以受理。经调查，市人社局作出不予认定工伤决定并送达双方当事人。原告不服，提起诉讼。

一审法院认为，根据江苏省劳动和社会保障厅《关于实施〈工伤保险条例〉若干问题的处理意见》（苏劳社医〔2005〕6 号）（2017 年 1 月 1 日废止）第十二条第二款"用人单位安排或组织职工参加文体活动，应作为工作原因。用人单位组织职工观光、旅游、休假等活动，不能作为工作原因"等规定，用人单位组织的旅游活动与工作无关，市人社局据

此作出不予认定工伤决定，适用法律并无不当，判决驳回原告的诉讼请求。原告不服上诉。2016 年 12 月，二审驳回上诉，维持原判。

二、法律分析

（一）关键法条

《工伤保险条例》

第十四条　职工有下列情形之一的，应当认定为工伤：

（一）在工作时间和工作场所内，因工作原因受到事故伤害的；

（二）工作时间前后在工作场所内，从事与工作有关的预备性或者收尾性工作受到事故伤害的；

（三）在工作时间和工作场所内，因履行工作职责受到暴力等意外伤害的；

（四）患职业病的；

（五）因工外出期间，由于工作原因受到伤害或者发生事故下落不明的；

（六）在上下班途中，受到非本人主要责任的交通事故或者城市轨道交通、客运轮渡、火车事故伤害的；

（七）法律、行政法规规定应当认定为工伤的其他情形。

第十五条　职工有下列情形之一的，视同工伤：

（一）在工作时间和工作岗位，突发疾病死亡或者在 48 小时之内经抢救无效死亡的；

（二）在抢险救灾等维护国家利益、公共利益活动中受到伤害的；

（三）职工原在军队服役，因战、因公负伤致残，已取得革命伤残军人证，到用人单位后旧伤复发的。

职工有前款第（一）项、第（二）项情形的，按照本条例的有关规定享受工伤保险待遇；职工有前款第（三）项情形的，按照本条例的有关规定享受除一次性伤残补助金以外的工伤保险待遇。

人力资源社会保障部《关于执行〈工伤保险条例〉若干问题的意见（二）》人社部发〔2016〕29 号

第四条　职工在参加用人单位组织或者受用人单位指派参加其他单位组织的活动中受到事故伤害的，应当视为工作原因，但参加与工作无关的活动除外。

最高人民法院《关于审理工伤保险行政案件若干问题的规定》（法释〔2014〕9号）

第四条 社会保险行政部门认定下列情形为工伤的，人民法院应予支持：

（一）职工在工作时间和工作场所内受到伤害，用人单位或者社会保险行政部门没有证据证明是非工作原因导致的；

（二）职工参加用人单位组织或者受用人单位指派参加其他单位组织的活动受到伤害的；

（三）在工作时间内，职工来往于多个与其工作职责相关的工作场所之间的合理区域因工受到伤害的；

（四）其他与履行工作职责相关，在工作时间及合理区域内受到伤害的。

第五条 社会保险行政部门认定下列情形为"因工外出期间"的，人民法院应予支持：

（一）职工受用人单位指派或者因工作需要在工作场所以外从事与工作职责有关的活动期间；

（二）职工受用人单位指派外出学习或者开会期间；

（三）职工因工作需要的其他外出活动期间。

职工因工外出期间从事与工作或者受用人单位指派外出学习、开会无关的个人活动受到伤害，社会保险行政部门不认定为工伤的，人民法院应予支持。

（二）地方规定

《浙江省工伤保险条例》

第十八条 市、县社会保险行政部门对受理的工伤认定申请，应当依照《工伤保险条例》规定在法定期限内及时作出是否属于工伤的认定决定。

职工有下列情形之一的，视为《工伤保险条例》规定的因工作原因所受的伤害，但职工因故意犯罪、醉酒或者吸毒、自残或者自杀所受的伤害除外：

（一）在工作时间和驾驶公共交通工具等特殊工作岗位，突发疾病后因岗位特殊导致救治延误病情加重，经抢救无效死亡或者抢救后完全丧失劳动能力的；

（二）在连续工作过程中和工作场所内，因就餐、工间休息、如厕等必要的生活、生理活动时所受的伤害；

（三）因参加用人单位统一组织或者安排的学习教育、培训、文体活动所受的伤害；

（四）因参加各级工会或者县级以上组织人事部门按照规定统一组织的疗休养所受的伤害，但单位承担费用由职工自行安排的疗休养除外。

江苏省人力资源和社会保障厅《关于实施〈工伤保险条例〉若干问题的处理意见》苏人社规〔2016〕3 号

六、《条例》第十四条规定的"因工作原因受到事故伤害"，既包括职工在工作时间和工作场所内，因从事生产经营活动直接遭受的事故伤害，也包括在工作过程中职工临时解决合理必需的生理需要时由于不安全因素遭受的意外伤害。

八、用人单位安排或者组织职工参加文体活动，应作为工作原因。用人单位以工作名义安排或者组织职工参加餐饮、旅游观光、休闲娱乐等活动，或者从事涉及领导、个人私利的活动，不能作为工作原因。职工因工外出期间从事与工作职责无关的活动受到伤害的，不能作为工作原因。

（三）法律分析

1. 参加单位组织的旅游活动受到伤害是否属于工伤存在争议

参加单位组织的旅游活动受到伤害是否属于工伤，一直存在争议。从前文及文后所列的案例可以看出，差异不大的情况下，最后的判决结果却大不相同。职工参加单位组织的旅游活动的工伤认定，参考的是《工伤保险条例》第十四条第（五）项的规定，即"职工因工外出期间，由于工作原因受到伤害或者发生事故下落不明的，应当认定为工伤。"但该条规定比较笼统。最高人民法院《关于审理工伤保险行政案件若干问题的规定》第五条对上述"因工外出期间"予以进一步明确，具体规定为三种情形，一是职工受用人单位指派或因工作需要在工作场所以外从事与工作职责有关的活动期间；二是职工受用人单位指派外出学习或开会期间；三是职工因工作需要的其他外出活动期间。即便如此，单位组织的旅游活动与"职工因工外出"，还是没有建立必然的联系。

支持参加单位组织的旅游活动受到伤害属于工伤的理由是，单位组织旅游活动是职工的一种福利待遇，也是企业文化建设的一个方面，组织旅游与工作有本质联系，其目的是放松职工身心，增强和改善单位团队沟通与协作，更好地促进单位绩效，实现企业利益，是职工工作的延续。而不支持参加单位组织的旅游活动受到伤害属于工伤的理由是，单位组织旅游活动一般由参加者自愿报名，并不具有强制性，旅游活动不能视为单位日常工作的组成部分，与工作无关。两种理由都没有违反禁止性的规定。

2.各地对参加单位组织的旅游活动受到伤害是否属于工伤的规定略有差异

具体实务中，法院一般会考虑三个因素来判断单位组织的活动是否属于工伤，一是组织活动的目的性，如为提高员工技能开展的野外拓展训练受伤，则支持工伤的可能性更大；二是活动的强制性，即单位是否要求员工必须参加，如果通知中明确必须参加，则一般支持工伤认定；三是是否需要承担费用，是否安排在工作日，以此判断是否属于"因工外出"及"由于工作原因受到伤害"。

除此之外，影响判决结果的另一重要原因是各地的个性化规定。如江苏省规定："用人单位以工作名义安排或者组织职工参加餐饮、旅游观光、休闲娱乐等活动，或者从事涉及领导、个人私利的活动，不能作为工作原因。"浙江省规定："因参加各级工会或者县级以上组织人事部门按照规定统一组织的疗休养所受的伤害，但单位承担费用由职工自行安排的疗休养除外。"对一项活动是否属于"工作原因"的规定，略有差异，但都是各地结合当地实际情况，在法无禁止的前提下，对有争议的事项作出进一步的解释，以便更好地解决本省工伤认定的纠纷。

三、管理建议

《工伤保险条例》的本意是保障劳动者因工作原因受到人身伤害后，能够获得来自社会的经济救助和精神安慰。讨论本专题的现实意义在于，提醒用人单位在组织和开展相关活动时，要充分做好各项安全防护措施，确保职工的人身安全。随着供电企业对职工身心健康关注程度的不断提高，单位组织员工外出集体活动越来越常态化，期间的风险控制应引起重视。特别是各单位工会、团委等部门在组织活动时，更应对相关风险作有效的评估并作出有针对性的防范。

一是要选择正规旅行社。旅游者参加旅行社外出旅游，选择的旅行社是否合适，直接关系到旅游者的切身利益。公司作为活动的组织者，应选择持有旅游行政主管部门颁发的《旅行社业务经营许可证》和工商部门颁发的《营业执照》的旅行社。

二是务必签订旅游合同。要选择旅游主管部门监制的正式合同文本，务必认真阅读合同全部条款。如有特殊要求，可在双方共同确认的前提下，以文字方式在合同中具体约定。

三是提醒工作做到位。是否服从单位的统一组织，是出现意外伤害是否可以认定为工伤的关键因素之一。不仅要提醒员工注意当地天气、温度、适应的衣服、当地的风俗习惯，更应提醒员工服从活动安排，不得擅自离队，以避免不必要的麻烦。

四、参考案例

案例 1：用人单位关于旅游活动受伤不属于工伤的请求未获支持

案号：（2015）庄行初字第 22 号

案情简介：2013 年 8 月 20 日，原告刘某在公司组织职工旅游过程中发生交通事故，导致刘某受伤。2014 年 9 月 25 日，刘某向被告人社局申请认定工伤。2014 年 9 月 25 日人社局下达了《工伤认定申请不予受理决定书》。刘某不服诉至法院。经过二审，法院撤销被告所作的《工伤认定申请不予受理决定书》；责令被告在法定期限内作出工伤认定具体行政行为。被告于 2015 年 3 月 16 日作出《工伤认定申请受理决定书》。认定刘某所受到的事故伤害，属于认定工伤的范围，予以认定工伤。刘某所在单位不服诉至法院。一审法院认为：职工参加用人单位组织或者受用人单位指派参加其他单位组织的活动受到伤害的，社会保险行政部门认定为工伤的，人民法院应予支持。一审判决驳回原告要求撤销被告作出的工伤认定决定的诉讼请求。二审维持原判。

案例 2：自愿报名参加旅游活动受伤不属于工伤

案号：（2014）太行初字第 00028 号、（2014）苏中行终字第 00257 号

　　案情简介：原告于 2014 年 4 月 5 日参加单位组织的旅游活动时，不慎摔倒受伤。该活动为自愿报名参加，个人需承担部分费用。2014 年 7 月 10 日，原告所在的单位向市人社局申请工伤认定。同年 8 月 5 日，市人社局作出《不予认定工伤决定》，原告不服，提起行政诉讼。一审法院认为，原告单位组织的旅游活动为参加者自愿报名，个人需承担部分费用，该活动不能视为单位日常工作的组成部分，与工作无关。原告参加该项活动而受到伤害，不能认定为在工作时间和工作场所内，因工作原因受到事故伤害；也不能认定为因公外出期间，由于工作原因受到伤害。判决驳回原告的诉讼请求。二审驳回上诉，维持原判。

工作岗位突发疾病康复后不能视同工伤

一、案例

案号：（2015）朝行初字第 106 号、（2016）吉 01 行终 117 号

案情简介： 第三人边某系原告供电公司职工，2014 年 12 月 9 日在变电站进行空中作业下梯时，突发疾病脑出血，入院治疗。2015 年 2 月 2 日原告向被告市人社局递交工伤认定申请，主张第三人高空作业下梯子时踩空摔倒导致脑出血，被告市人社局委托司法鉴定所鉴定第三人脑出血与此次事故是否存在因果关系。司法鉴定所于 2015 年 4 月 27 日出具鉴定意见为第三人脑出血、蛛网膜下腔出血系在自身疾病基础上由劳动诱发所致，与此次事故不存在直接因果关系。被告市人社局于 2015 年 7 月 28 日作出《不予认定工伤决定书》。原告不服，遂申请行政复议。市人民政府复议维持了被告市人社局作出的不予认定工伤决定。原告仍不服，提起行政诉讼。一审法院认为，经鉴定第三人边某下梯摔倒与其脑出血无直接因果关系，不符合视同工伤情形。判决驳回原告诉讼请求。二审维持原判。

二、法律分析

（一）关键法条

《工伤保险条例》

第十四条　职工有下列情形之一的，应当认定为工伤：

（一）在工作时间和工作场所内，因工作原因受到事故伤害的；

（二）工作时间前后在工作场所内，从事与工作有关的预备性或者收尾性工作受到事故伤害的；

（三）在工作时间和工作场所内，因履行工作职责受到暴力等意外伤害的；

（四）患职业病的；

（五）因工外出期间，由于工作原因受到伤害或者发生事故下落不明的；

（六）在上下班途中，受到非本人主要责任的交通事故或者城市轨道交通、客运轮渡、火车事故伤害的；

（七）法律、行政法规规定应当认定为工伤的其他情形。

第十五条　职工有下列情形之一的，视同工伤：

（一）在工作时间和工作岗位，突发疾病死亡或者在48小时之内经抢救无效死亡的；

（二）在抢险救灾等维护国家利益、公共利益活动中受到伤害的；

（三）职工原在军队服役，因战、因公负伤致残，已取得革命伤残军人证，到用人单位后旧伤复发的。

职工有前款第（一）项、第（二）项情形的，按照本条例的有关规定享受工伤保险待遇；职工有前款第（三）项情形的，按照本条例的有关规定享受除一次性伤残补助金以外的工伤保险待遇。

（二）地方规定

《浙江省工伤保险条例》自2018年1月1日起施行

第十八条　市、县社会保险行政部门对受理的工伤认定申请，应当依照《工伤保险条例》规定在法定期限内及时作出是否属于工伤的认定决定。

职工有下列情形之一的，视为《工伤保险条例》规定的因工作原因所受的伤害，但职工因故意犯罪、醉酒或者吸毒、自残或者自杀所受的伤害除外：

（一）在工作时间和驾驶公共交通工具等特殊工作岗位，突发疾病后因岗位特殊导致救治延误病情加重，经抢救无效死亡或者抢救后完全丧失劳动能力的；

（二）在连续工作过程中和工作场所内，因就餐、工间休息、如厕等必要的生活、生理活动时所受的伤害；

（三）因参加用人单位统一组织或者安排的学习教育、培训、文体活动所受的伤害；

（四）因参加各级工会或者县级以上组织人事部门按照规定统一组织的疗休养所受的伤害，但单位承担费用由职工自行安排的疗休养除外。

江苏省人力资源和社会保障厅《关于实施〈工伤保险条例〉若干问题的处理意见》苏人社规〔2016〕3号

六、《条例》第十四条规定的"因工作原因受到事故伤害"，既包括职工在工作时间和工作场所内，因从事生产经营活动直接遭受的事故伤害，也包括在工作过程中职工临时解决合理必需的生理需要时由于不安全因素遭受的意外伤害。

（三）要点简析

本专题重点讨论与个人身体相关的两类情况。一是上班期间因解决生理需要所受到的伤害。二是因自身疾病引起的伤害。

1. 自身疾病仅在有限情况下属于工伤

工伤认定一般有两种情况，一是符合"三工"，即工作时间和工作场所内，因工作原因受到事故伤害，属于应当认定为工伤的情形。其中"工作时间"，包括合理的时间、合理的路线等内涵；"工作场所"包括从事与工作有关的预备性或者收尾性工作，往返于不同工作地点的途中等；"工作原因"包括因工外出期间、参加单位组织的活动等。二是视同工伤的情形。对于自身疾病引起的伤害，根据《工伤保险条例》第十五条第一款，需满足"在工作时间和工作岗位，突发疾病死亡或者在48小时之内经抢救无效死亡的"才可视同工伤。前文案例中，第三人经过治疗已经康复，则不能视同工伤。

2. 工作过程中解决必要生理需要受到伤害应属于工伤

如浙江省规定，在连续工作过程中和工作场所内，因就餐、工间休息、如厕等必要的生活、生理活动时所受的伤害属于工伤；江苏省规定在工作过程中职工临时解决生理需要时由于不安全因素遭受的意外伤害属于工伤。

三、管理建议

1. 把握好认定的单位证明环节

设定工伤保险的目的是为了保障因工作遭受事故伤害或者患职业病的职工获得医疗救治和经济补偿，促进工伤预防和工伤康复，分散用人单位的工伤风险。在单位出具相关证明时，建议相关人员学习工伤认定的相关条款，或者及时征求单位法务人员的意见，以便准确地出具相关证明，避免产生不必要的麻烦。

2. 发生工伤事故后建议按正规渠道申报，"私了"不利于后续处理

在目前维稳压力较大的情况下，不建议各单位在处理工伤事务时采

取"私了"的方式。基层工作人员往往有"报了工伤会影响考核"的思想，因此倾向于私下处理。不建议"私了"的原因主要有两点：一是报工伤并不一定影响考核。对于非电力生产运行过程中发生的事故，并无相应的安全责任考核条款。二是工伤对劳动者的保护不是一次性的。虽然当时的医药费可以通过其他渠道解决，但对于旧伤复发等情况的处理，往往陷于被动的境地。三是在员工未完全康复的情况下，很有可能反悔私下签订的协议，造成不必要的诉讼，如文后案例。

四、参考案例

案例 1：单位未缴工伤保险，承担 80% 的侵权责任

案号：（2016）辽 0112 民初字 1754 号、（2016）辽 01 民终 7107 号

案情简介：2012 年 4 月 9 日，原告徐某到被告某公司工作。被告未按规定为原告办理工伤医疗保险。2014 年 5 月 24 日，原告在被告公司内部的修理厂负责吊车的卸货工作时，从货车后备箱板上滑倒并摔伤。原告出院后，曾于 2015 年 3 月 21 日以个人身份申请工伤认定；被告公司在申请书"用人单位意见"一栏当中"公章"位置加盖公章，但在"法人签字"位置空白。原告申请工伤鉴定未果。2015 年 7 月 10 日，原告从被告公司离职。2015 年 11 月 20 日至 12 月 4 日，原告再次入院治疗。2016 年 4 月 6 日，原告伤残等级被鉴定为十级。现原被告就赔偿事宜协商未果，故诉讼来院。一审法院认为，原告曾申请工伤鉴定未果。因原告对受伤也存在过错，故对损害应承担部分责任。一审判决原告承担 20%的责任。二审法院认为，被告公司未按规定为徐某办理相关的工伤医疗保险，亦未在徐某发生事故后及时履行义务为其申请工伤认定，导致徐某工伤认定时效已过，申请工伤保险不被受理，应承担相应的民事赔偿责任，遂维持原判。

案例 2：单位未缴工伤保险，承担 70% 的侵权责任

案号：（2017）粤 04 民终 2456 号

案情简介：原被告于 2012 年 8 月 15 日签订劳动合同书，后被告一直没有为原告缴纳社会保险费。2014 年 2 月 12 日，原告在被告公司的仓库用手拖叉车拉货时，因叉车突然倒退，原告被摔下平台，导致左股骨粗隆间骨折。原告就赔偿事宜与被告协商未果，诉至法院。一审法院

认为，被告公司未按规定为原告办理相关的工伤医疗保险。原告在为被告公司工作中受伤，因无法通过工伤认定获得救济，现以人身损害赔偿标准主张权利，一审法院予以准许，故本案应为健康权纠纷。一审法院确定被告公司承担 70%的责任，原告承担 30%的责任。二审维持原判。

案例 3：双方就工伤保险待遇达成的调解意见合法有效应履行

案号：兴劳仲案字〔2003〕第 12 号、（2003）兴法民一初字第 1736 号、（2004）泰民一终字第 206 号、（2004）泰民监字第 169 号、（2005）宁民四监字第 229 号、（2007）泰民再终字第 2 号、（2008）苏民三监字第 080 号、（2011）民监字第 744 号、（2015）泰兴民初字第 2066 号、（2016）苏 12 民终 708 号、（2017）苏民申 114 号

案情简介：本案历时 15 年，为历史积案。从可查的信息看，共涉及劳动仲裁 1 次，民事判决（裁定）书 10 余份，检察院抗诉 1 次，信访积案会办纪要 1 份、法律释明告知书 1 份，经公证的调解协议书 1 份。

原告于 2000 年 4 月参加供电营业所农网改造，2001 年 1 月 8 日在施工中不慎坠落受伤。经市劳动和社会保障局认定为工伤，经鉴定为伤残 7 级。2003 年 7 月 30 日，市劳动争议仲裁委员会作出兴劳仲案字〔2003〕第 12 号仲裁裁决：双方终止劳动关系和工伤保险关系，市供电公司支付原告各项损失合计 37544 元。原告对该裁决不服提起诉讼，被一审法院（2003）兴法民一初字第 1736 号以主体不适格驳回起诉。原告不服该裁定，先后向中级、高级、最高人民法院提起上诉、申诉，向检察机关申诉。

2007 年 8 月 27 日，原告与供电公司签订调解协议书，双方就工伤保险待遇达成调解意见。2009 年 7 月 15 日，市信访局作出信访积案会办纪要，由乡人民政府逐年为其缴纳城镇职工养老保险及医疗保险直至满 15 年止。2012 年，原告以供电所为被告提起诉讼，再次主张工伤保险待遇。（2015）泰兴民初字第 2066 号判决驳回原告诉讼请求，二审维持原判，再审申请被驳回。

上下班途中主责交通事故不能认定为工伤

一、案情简介

案号：（2012）东民初字第 620 号、（2014）聊民一终字第 263 号、（2015）鲁民申字第 686 号

案情简介：2010 年 12 月 16 日 19 时许，原告办理业务后回到办事处，与同事一起吃过晚饭后驾车回住处，途中将右侧行人撞倒致伤，原告驾车逃离现场。不久，原告驾驶车辆驶出路外侧翻受伤。2011 年 1 月 16 日，道路交通事故认定书认定原告负交通事故的全部责任。原告申请工伤未果，诉至法院。该案经过一审、二审、再审，最终法院认为，原告驾驶未经安全技术检验的机动车上路，将行人撞伤后逃逸，在逃逸的过程中再次发生事故，致肇事车辆倾覆，造成本人受伤，原告应对自身受到伤害负全部责任，其受伤不符合《工伤保险条例》的规定，不能认定为工伤。

二、法律分析

（一）关键法条

《侵权责任法》

第三十四条　用人单位的工作人员因执行工作任务造成他人损害的，由用人单位承担侵权责任。劳务派遣期间，被派遣的工作人员因执行工作任务造成他人损害的，由接受劳务派遣的用工单位承担侵权责任；劳务派遣单位有过错的，承担相应的补充责任。

《工伤保险条例》

第十四条　职工有下列情形之一的，应当认定为工伤：

（二）工作时间前后在工作场所内，从事与工作有关的预备性或者收尾性工作受到事故伤害的；

（六）在上下班途中，受到非本人主要责任的交通事故或者城市轨道交通、客运轮渡、火车事故伤害的；

第十七条　职工发生事故伤害或者按照职业病防治法规定被诊断、

鉴定为职业病，所在单位应当自事故伤害发生之日或者被诊断、鉴定为职业病之日起 30 日内，向统筹地区社会保险行政部门提出工伤认定申请。遇有特殊情况，经报社会保险行政部门同意，申请时限可以适当延长。

用人单位未按前款规定提出工伤认定申请的，工伤职工或者其直系亲属、工会组织在事故伤害发生之日或者被诊断、鉴定为职业病之日起 1 年内，可以直接向用人单位所在地统筹地区社会保险行政部门提出工伤认定申请。

按照本条第一款规定应当由省级社会保险行政部门进行工伤认定的事项，根据属地原则由用人单位所在地的设区的市级社会保险行政部门办理。

用人单位未在本条第一款规定的时限内提交工伤认定申请，在此期间发生符合本条例规定的工伤待遇等有关费用由该用人单位负担。

最高人民法院《关于审理工伤保险行政案件若干问题的规定》法释〔2014〕9 号

第六条　对社会保险行政部门认定下列情形为"上下班途中"的，人民法院应予支持：

（一）在合理时间内往返于工作地与住所地、经常居住地、单位宿舍的合理路线的上下班途中；

（二）在合理时间内往返于工作地与配偶、父母、子女居住地的合理路线的上下班途中；

（三）从事属于日常工作生活所需要的活动，且在合理时间和合理路线的上下班途中；

（四）在合理时间内其他合理路线的上下班途中。

（二）要点简析

1. 上下班途中部分事故属于工伤是对劳动者的扩大保护

相对于普通的侵权责任赔偿，工伤保险的范围有所扩大，充分体现了对劳动者的保护。对于未参加工伤保险的临时性劳务，成立承揽关系而非劳动关系，此时劳动者在赶往工作地点的途中，不受工伤保险保护。通俗地说，如果只是个人之间的劳务如家中请个钟点工，请人安装防盗窗等，那么在钟点工或安装工赶往雇主家途中所受到的伤害，雇主不必承担责任，钟点工或安装工也不能参照《工伤保险条例》第十四条第六款申报工伤。但如果雇主与具有用工主体资格的家政公司、装修公司建立了合同关系，钟点工或安装工是正规家政或装修公司的员工，公司为其缴纳了工伤保险，受公司指派到雇主家中上班，那么家政公司或装修公司的工作人员在前往工作地点途中所受到的伤害，应属于工伤，可以按照相关规定申报工伤保险待遇。

2. 对"上下班途中"的认定有所扩大

《工伤保险条例》规定"在上下班途中，非本人主要责任的交通事故或者城市轨道交通、客运轮渡、火车事故伤害"应当认定为工伤，但对哪些情况可以属于"上下班途中"，没有作出细化的规定，造成了各地认定的差异。最高人民法院《关于审理工伤保险行政案件若干问题的规定》对何种情况属于"上下班途中"，作了较为细致的解释，把"合理时间、合理路线"等情形认定"上下班途中"，方便了实务操作。

通俗地说，下班后在合理的时间内去买菜、接孩子放学、到父母家中吃饭，都可以算作上下班途中，一旦发生非本人主要责任的交通事故受到伤害，即可认定为工伤。当然，合理时间、合理路线发生本人主要责任的交通事故，还是不能认定为工伤。

3. 应注意上下班途中和工作途中的交通事故的性质区别

上下班途中和工作途中的交通事故性质不同。对上下班途中，仅保护"非本人主要责任的交通事故"。但对于工作途中，则是职务行为，不论是否属于"非本人主要责任的交通事故"，都应参照《工伤保险条例》第十四条第二款认定为工伤。一旦造成第三人人身损害，单位还应该按照《侵权责任法》第三十四条承担侵权赔偿责任。具体到工作中，如果某员工运送材料去工地或从工地回来、自驾车去乡下装表接电等，属于从事与工作有关的预备性或者收尾性工作。在这期间发生交通事故，则不论是否属于"非本人主要责任的交通事故"，都应认定为工伤，如果此时还造成他人伤害，则单位应承担侵权赔偿责任。而上下班途中发生非本人主要责任的交通事故，仅员工本人可以被认定为工伤，单位不必为除员工以外的第三人受到的伤害承担责任。

除了在工作时间和工作场所内，因工作原因受到事故伤害应当认定为工伤外，相比普通的侵权纠纷，工伤对劳动者的扩大保护还表现在对工作时间前后在工作场所内，从事与工作有关的预备性或者收尾性工作受到事故伤害，或者因工外出期间，由于工作原因受到伤害或者发生事故下落不明等情况，都属于工作时间和工作场所内，因工作原因受到事故伤害，属于应当认定工伤的情形。

三、管理建议

1. 注意申报时效，及时申报上下班途中的工伤

根据《工伤保险条例》第十七条第一款，用人单位申请工伤认定的期限是 30 日。对于上下班途中的工伤认定申请，特别容易超过时限。因为上下班途中交通事故造成的伤害是否可以认定为工伤，关键看是否属于"非本人主要责任"，但交通事故责任认定往往需要一定的时间，如前文案例，交通事故认定即花费 30 天时间。因此，对上下班途中交通事故造成伤害的工伤申报，应特别注意时效。用人单位为受事故伤害的职工申请工伤认定的期限是确定的，对于上下班途中发生交通事故的员工，如 30 日内事故责任未明确的，也应及时提出工伤认定的申请。在事故责任未明确以前，社会保险行政部门可以作出中止的决定，但不影响工伤认定申请的提出。一旦逾期提出认定申请，则可能要按照根据《工伤保险条例》第十七条第四款，承担逾期期间发生的本应由工伤保险基金支付的工伤待遇等有关费用。

2. 规范单位内部考勤制度和日常管理

"上下班途中"的认定主要考虑三个要素：一是以上下班为目的；二是上下班时间是否合理；三是往返于工作地和居住地的路线是否合理。上下班有一个时间区域，可能早一点，也可能晚一点，这"一点"是多少，由于日常生活的复杂性，法律在此并未作出明确规定。为避免"合理时间"认定纠纷，建议各单位尽量完善本单位的考勤制度和日常管理，对工作时间有明确的管理和考核，以便于更准确地认定员工上下班的"合理时间"。

3. 规范单位员工的用车管理

供电企业员工驾车上下班已是常态。交通事故一旦造成他人损害，不仅要考虑职工本人是否可以申报工伤，还关系到单位是否应为他人损害承担责任。交通事故受到的伤害是否认定为工伤，关系到此次"交通"是否属于职务行为，是单位是否承担赔偿责任的关键，需引起重视。建

议各单位加强员工车辆管理，提醒、督促员工做好车辆的保险、保养等事项，避免员工上下班途中发生交通事故加重责任。

四、参考案例

案例：双方自愿签订解除劳动关系协议书合法有效，但工伤待遇仍应支付

案号：（2016）鄂 2827 民初 257 号、（2016）鄂 2827 民初 1467 号、（2017）鄂 28 民终 534 号、（2017）鄂民申 2546 号

案情简介：原告于 1984 年进入县电力公司所属的电站工作。2003 年 9 月，县电力公司按上级政策下文解除了与原告的劳动关系，并给予了一次性补偿。原告不服县电力公司与其解除劳动关系的决定，向人民法院起诉被驳回诉讼请求。2005 年 3 月，县电力公司因工作需要，安排原告做代管电工，但于当年 10 月清退。因原告认为不应该被清退，从 2006 年至 2009 年之间多次到县电力公司及劳动部门反映，于 2009 年 10 月 14 日与被告签订了解除劳动关系协议书，协议约定双方解除劳动关系，被告为原告缴纳养老保险费至 2005 年 12 月 31 日，对原告给予经济补偿。

另，原告于 2002 年因工受伤，直到 2007 年 3 月，原告的工伤才经鉴定为伤残九级，此时原、被告之间的劳动合同已解除。原告诉至法院请求被告支付工资、赔偿金、工伤待遇等，并办理养老退休等相关手续。一审法院认为：原告要求确认与被告于 2009 年 10 月 14 日签订的解除劳动关系协议书无效的诉讼请求，于法无据，不予支持。原、被告双方于 2009 年 10 月 14 日以后不存在劳动关系，无需另行支付经济补偿金等。但被告未及时按照工伤保险的规定申报工伤认定和伤残等级鉴定，应承担相应的责任。判决被告按工伤待遇支付各项经济补偿金共计 32021.40 元。二审维持原判。2017 年 11 月 13 日，原告的再审申请被驳回。

业主对挂靠及违规发包有工伤责任风险

一、案例

案号：（2015）伊行初字第 11 号、（2015）伊州行终字第 18 号

案情简介：张某以原告某电力工程有限公司的名义签订合同承包电力工程，并由原告出具授权委托书，张某以原告的名义到供电公司办理相关手续。自 2013 年 7 月起，张某雇佣第三人为其工作，但未向第三人发过工作证件。2014 年 5 月 18 日，张某自行购买了他人的真空断路器后，派第三人拆卸真空断路器，第三人在拆卸真空断路器的过程中不幸触电受伤。2014 年 11 月 4 日，经第三人申请，被告县人力资源与社会保障局作出认定工伤决定书，将原告作为用人单位。原告不服，提起诉讼。一审法院认为，个人挂靠其他单位对外经营，其聘用的人因工伤亡的，被挂靠单位为承担工伤保险责任的单位。判决维持被告作出的认定工伤决定书。二审驳回上诉，维持原判。

二、法律分析

（一）关键法条
《建筑法》

第二十八条　禁止承包单位将其承包的全部建筑工程转包给他人，禁止承包单位将其承包的全部建筑工程肢解以后以分包的名义分别转包给他人。

第二十九条　建筑工程总承包单位可以将承包工程中的部分工程发包给具有相应资质条件的分包单位；但是，除总承包合同中约定的分包外，必须经建设单位认可。施工总承包的，建筑工程主体结构的施工必须由总承包单位自行完成。

建筑工程总承包单位按照总承包合同的约定对建设单位负责；分包单位按照分包合同的约定对总承包单位负责。总承包单位和分包单位就分包工程对建设单位承担连带责任。

禁止总承包单位将工程分包给不具备相应资质条件的单位。禁止分

包单位将其承包的工程再分包。

《合同法》

第二百七十二条　发包人可以与总承包人订立建设工程合同，也可以分别与勘察人、设计人、施工人订立勘察、设计、施工承包合同。发包人不得将应当由一个承包人完成的建设工程肢解成若干部分发包给几个承包人。总承包人或者勘察、设计、施工承包人经发包人同意，可以将自己承包的部分工作交由第三人完成。第三人就其完成的工作成果与总承包人或者勘察、设计、施工承包人向发包人承担连带责任。承包人不得将其承包的全部建设工程转包给第三人或者将其承包的全部建设工程肢解以后以分包的名义分别转包给第三人。禁止承包人将工程分包给不具备相应资质条件的单位。禁止分包单位将其承包的工程再分包。建设工程主体结构的施工必须由承包人自行完成。

人力资源社会保障部《关于执行〈工伤保险条例〉若干问题的意见》人社部发〔2013〕34号

七、具备用工主体资格的承包单位违反法律、法规规定，将承包业务转包、分包给不具备用工主体资格的组织或者自然人，该组织或者自然人招用的劳动者从事承包业务时因工伤亡的，由该具备用工主体资格的承包单位承担用人单位依法应承担的工伤保险责任。

（四）用工单位违反法律、法规规定将承包业务转包给不具备用工主体资格的组织或者自然人，该组织或者自然人聘用的职工从事承包业务时因工伤亡的，用工单位为承担工伤保险责任的单位；

（五）个人挂靠其他单位对外经营，其聘用的人员因工伤亡的，被挂靠单位为承担工伤保险责任的单位。

最高人民法院《关于审理人身损害赔偿案件适用法律若干问题的解释》法释〔2003〕20号

第十条　承揽人在完成工作过程中对第三人造成损害或者造成自身损害的，定作人不承担赔偿责任。但定作人对定作、指示或者选任有过失的，应当承担相应的赔偿责任。

劳动和社会保障部《关于确立劳动关系有关事项的通知》劳社部发（2005）12号

四、建筑施工、矿山企业等用人单位将工程（业务）或经营权发包给不具备用工主体资格的组织或自然人，对该组织或自然人招用的劳动者，由具备用工主体资格的发包方承担用工主体责任。

（二）要点简析

1. 关于分包的禁止性规定

根据《合同法》第二百七十二条和《建筑法》第二十九条等法律规定，劳务承包的禁止性规定主要有：禁止全部转包、肢解分包、分包后再分包，建设工程主体结构的施工必须由承包人自行完成等。在工程实际中，以下现象未完全杜绝：总包单位行分包之实，将工程主体结构分包出去；少数施工企业为赚取管理费而将所承包的工程转包或肢解后以分包名义转包给他人；承包单位成立项目部后实际上仅派一两个人到工地参与管理，完全由转包的一方施工，工程合同工期、质量及安全受制于转包方；甚至个别不具备资质而有人脉关系的企业和个人，以挂靠总包单位名义进行投标活动，中标后自行组织施工，由于自身技术和管理不能满足工程建设要求，存在较大的施工安全、廉政及法律风险。

2. 用工单位的选任责任

工程发包不规范，存在诸多风险。本专题仅讨论用工方面的风险。根据前文所列的劳动和社会保障部《关于确立劳动关系有关事项的通知》第四条、人力资源社会保障部《关于执行〈工伤保险条例〉若干问题的意见》第七条等法律规定，发包方对承包方的资质审查十分关键。在电力工程实际工作中，发包方对总包方、分包方的审查一般比较到位，但承包方往往忽视对分包单位主体资格审查，有意或无意地将部分工程分包给资质条件不符合规定的单位甚至是无法人资格、无营业执照、无资质证书的个人承包，为分包合同的履行预埋了巨大的潜在风险。如再分包人不具有用工资格，根据劳动和社会保障部《关于确立劳动关系有关事项的通知》规定，建筑施工、矿山企业等用人单位将工程（业务）或经营权发包给不具备用工主体资格的组织或自然人，对该组织或自然人招用的劳动者，由具备用工主体资格的发包方承担用工主体责任。若招用的劳动者发生伤亡事故或分包人未支付劳动报酬，总包方应承担用工主体责任。此时如果总包方无法完全承担相应的责任，则供电企业或相关集体企业将可能面临民工集体信访等风险。

三、管理建议

1. 加强培训，提高工程管理人员的业务素质

近年来，供电企业在劳务分包的招投标手续、合同签订等方面的管理日益规范，基本杜绝了违法分包的情况。但工程合法发包给总包或劳务分包单位后，总包或劳务分包单位再行分包的情况依然存在。供电企业应加强工程管理的培训，要求相关人员全面了解《建筑法》《合同法》关于工程发包方面的禁止性规定，避免出现全部转包、肢解分包、分包后再分包、主体结构的施工未由承包人完成等情况。

2. 加强资质审查，杜绝外施队伍层层转包，违法分包

一是禁止使用自然人（包工头）以及无资质的劳务队伍。避免存在私拉滥招、非法用工、违法劳务分包、拖欠民工工资等行为的施工队伍进入供电企业工程建设领域，减少劳务分包纠纷。二是严把审查关。在严把资质关的同时，通过核查关键人员的劳动合同、社保缴纳、工资发放等，甄别外施队伍投标基本情况的真实性，不定期检查外施队伍人员情况，掌握分包队伍的实际施工能力，控制流动人员数量，确保外施队伍人员素质稳定。三是严禁业主指令分包。严禁违规操作，将工程发包给不具备资质的企业和个人，严禁将不具备资质的企业和个人介绍给总包单位。杜绝在选择队伍上，靠人情、拉关系，更不能以行贿受贿形式承接工程，要通过公开化的投标报价渠道和公平的竞争机制择优选择分包队伍。

3. 加强工程全过程管理

一是加强岗前安全培训教育。开工前，对进入施工现场的分包队伍，应先组织集中学习，进行三级安全教育。现场施工时，对特殊作业人员应查验特种作业操作证，实施有效的监督检查，以便及早发现和消除隐患，杜绝违章作业。二是做到全过程监管，严禁以包代管。实行劳务分包作业人员与本单位职工"无差别"的安全管理，让分包队伍遵守管理制度及操作规程，不断强化分包队伍法律与风险意识，敦促分包单位进一步提高依法经营、按规定施工的自觉性。

四、参考案例

案例 1：承包单位将工程发包给不具资质的自然人应承担工伤连带

责任

案号：（2015）渝四中法民终字第 01435 号

案情简介：2012 年 9 月，供电公司将某农网改造升级工程发包给南某公司。双方签订了施工合同，合同由南某公司的项目经理张某负责签订，其授权委托书载明的代理权限为：在本资质范围办理电力工程项目签订合同、施工结算事宜。2012 年 11 月 17 日，张某与向某等签订了电力建设工程内部施工协议。2012 年 9 月份，向某与陈某达成口头协议，将该工程中的部分高压线架设工程的劳务分包给陈某，总工程款 60 万元，由陈某负责组织工人施工，决定工人工钱，给工人发放工资，并由胡某帮其在供电公司领材料，陈某和胡某没有约定报酬。陈某共找向某领取了 33 万元工程款。

2013 年 1 月 1 日，陈某与某电力有限公司签订了无固定期限的劳动合同，合同期限自 2013 年 1 月 1 日起。2013 年 4 月 23 日，陈某购买了油漆和刷子后，到农网改造工地做工，在给拉线刷油漆时不慎从电线杆上摔下受伤。2013 年 5 月 16 日，电力有限公司提出陈某的工伤认定申请，2013 年 7 月 18 日，县人力资源与社会保障局作出认定工伤决定书。2014 年 5 月 9 日，县劳动能力鉴定委员会作出伤残等级为 1 级，完全护理依赖的鉴定结论。2014 年 6 月 19 日，电力有限公司以陈某受伤的工地不属于该公司施工范围申请撤销工伤认定。2014 年 6 月 24 日，县人力资源与社会保障局撤销了陈某的工伤认定。陈某诉至法院，请求判令向某、张某、南某公司、供电公司连带赔偿陈某伤残赔偿金等共计 1834196.5 元。一审法院认为，陈某与向某系承揽关系，张某与南某公司系委托代理关系。涉案工程系高压线架设工程，需要有相关资质的公司才能承包，而向某将工程发包给不具备资质的自然人陈某，陈某在施工中受伤，向某应承担相应的赔偿责任。南某公司将工程发包给不具备资质的自然人向某，对向某的赔偿责任应承担连带支付责任。供电公司将工程发包给南某公司，南某公司具备相关资质，供电公司在本案中没有过错，不应承担责任。结合本案的实际情况，酌定向某对陈某受伤损失承担 40% 的赔偿责任，南某公司对该赔偿费用承担连带支付责任，陈某自行承担 60% 的责任。二审改判南某公司承担 20% 的责任，向某承担 20% 的责任。

案例 2：村委会自行安排村民移电杆应承担相应的责任

案号：（2016）陕 0802 民初 7460 号、（2017）陕 08 民终 3339 号

案情简介：2016 年 2 月 21 日，某生产队与供电公司签订了电力安装工程承包合同书，约定某生产队将 10 千伏线路、变压器移改工程承包给供电公司。双方签订的合同未约定劳务用工由谁负责。按照当地习惯由生产队负责组织村民移栽电线杆，电力部门负责技术指导。2016 年 2 月 24 日，在移栽电线杆的过程中王某被倾倒的电线杆压伤，造成六级伤残。王某受伤后就赔偿事宜与供电公司、生产队协商未果，遂诉至法院。

一审法院判决认为，被告生产队负有保证现场安全施工的义务，其不具备从事移栽电杆的相应技术，却自行组织村民进行电杆移栽，主观上存在过错。供电公司在开工前未按照合同履行安全、技术交底义务，未对现场施工安全负责，明知被告生产队并不具备进行电路移改的相关施工资质，却仍将该项工程交由被告生产队施工，主观上存在过错。一审判决被告生产队和被告供电公司连带承担 90% 的赔偿责任。二审法院认为，王某并无审查自己是否具备施工能力和资质的意识感知能力，其提供劳务过程中自身受到伤害，并无法律规定有自身安全的注意义务。2017 年 12 月，二审改判生产队、供电公司承担全部赔偿责任。

人身损害诉讼时效应自治疗终结或定残日起算

一、案例

案号：（2014）鄂蕲春民一初字第 01102 号、（2015）鄂黄冈中民一终字第 00643 号、（2016）鄂民申 1735 号

案情简介：2011 年 11 月 7 日原告李某与被告宋某发生交通事故，双方均未报警，李某被送往县人民医院治疗。2013 年 5 月 30 日经司法鉴定为伤残程度构成 9 级。2013 年 6 月 27 日，李某诉至法院。2013 年 9 月 27 日一审法院作出（2013）鄂蕲春民一初字第 00905 号民事判决，驳回李某的诉讼请求。李某不服，上诉至中级人民法院，中级人民法院作出（2014）鄂黄冈中民一终字第 00113 号民事裁定，撤销原判决，发回重审。在重审期间，李某于 2013 年 12 月 3 日再次入住县人民医院治疗，2013 年 12 月 21 日出院，2014 年 1 月 8 日办理出院结算手续。2014 年 8 月 18 日，李某增加、变更诉讼请求。2014 年 8 月 25 日，宋某申请重新鉴定，12 月 15 日，出具鉴定意见：李某的伤残程度为 9 级。

一审法院认为道路交通事故人身损害赔偿的诉讼时效为一年，自伤情明确或治疗终结时起算，因李某的伤情在 2013 年 5 月 30 日作出鉴定意见后才明确，治疗终结时间为 2013 年 12 月，起诉未超过诉讼时效。二审法院未涉及诉讼时效问题。再审法院维持原判。

二、法律分析

（一）关键法条

《民法通则》

第一百三十五条　向人民法院请求保护民事权利的诉讼时效期间为二年，法律另有规定的除外。

第一百三十六条　下列的诉讼时效期间为一年：

（一）身体受到伤害要求赔偿的；

（二）出售质量不合格的商品未声明的；

（三）延付或者拒付租金的；

（四）寄存财物被丢失或者损毁的。

第一百三十七条　诉讼时效期间从知道或者应当知道权利被侵害时起计算。但是，从权利被侵害之日起超过二十年的，人民法院不予保护。有特殊情况的，人民法院可以延长诉讼时效期间。

《民法总则》

第一百八十八条　向人民法院请求保护民事权利的诉讼时效期间为三年。法律另有规定的，依照其规定。

诉讼时效期间自权利人知道或者应当知道权利受到损害以及义务人之日起计算。法律另有规定的，依照其规定。但是自权利受到损害之日起超过二十年的，人民法院不予保护；有特殊情况的，人民法院可以根据权利人的申请决定延长。

《侵权责任法》

第六条　行为人因过错侵害他人民事权益，应当承担侵权责任。

根据法律规定推定行为人有过错，行为人不能证明自己没有过错的，应当承担侵权责任。

第十六条　侵害他人造成人身损害的，应当赔偿医疗费、护理费、交通费等为治疗和康复支出的合理费用，以及因误工减少的收入。造成残疾的，还应当赔偿残疾生活辅助具费和残疾赔偿金。造成死亡的，还应当赔偿丧葬费和死亡赔偿金。

最高人民法院《关于审理人身损害赔偿案件适用法律若干问题的解释》法释〔2003〕20号

第十七条　受害人遭受人身损害，因就医治疗支出的各项费用以及因误工减少的收入，包括医疗费、误工费、护理费、交通费、住宿费、住院伙食补助费、必要的营养费，赔偿义务人应当予以赔偿。

受害人因伤致残的，其因增加生活上需要所支出的必要费用以及因丧失劳动能力导致的收入损失，包括残疾赔偿金、残疾辅助器具费、被扶养人生活费，以及因康复护理、继续治疗实际发生的必要的康复费、护理费、后续治疗费，赔偿义务人也应当予以赔偿。

受害人死亡的，赔偿义务人除应当根据抢救治疗情况赔偿本条第一款规定的相关费用外，还应当赔偿丧葬费、被扶养人生活费、死亡补偿费以及受害人亲属办理丧葬事宜支出的交通费、住宿费和误工损失等其他合理费用。

第二十五条 残疾赔偿金根据受害人丧失劳动能力程度或者伤残等级，按照受诉法院所在地上一年度城镇居民人均可支配收入或者农村居民人均纯收入标准，自定残之日起按二十年计算。但六十周岁以上的，年龄每增加一岁减少一年；七十五周岁以上的，按五年计算。

受害人因伤致残但实际收入没有减少，或者伤残等级较轻但造成职业妨害严重影响其劳动就业的，可以对残疾赔偿金作相应调整。

第三十一条 人民法院应当按照民法通则第一百三十一条以及本解释第二条的规定，确定第十九条至第二十九条各项财产损失的实际赔偿金额。

前款确定的物质损害赔偿金与按照第十八条第一款规定确定的精神损害抚慰金，原则上应当一次性给付。

最高人民法院《关于贯彻执行〈中华人民共和国民法通则〉若干问题的意见（试行）》法（办）发〔1988〕6号

第一百六十八条 人身损害赔偿的诉讼时效期间，伤害明显的，从受伤害之日起算；伤害当时未曾发现，后经检查确诊并能证明是由侵害引起的，从伤势确诊之日起算。

最高人民法院《关于适用〈中华人民共和国民法总则〉诉讼时效制度若干问题的解释》法释〔2018〕12号

第一条 民法总则施行后诉讼时效期间开始计算的，应当适用民法总则第一百八十八条关于三年诉讼时效期间的规定。当事人主张适用民法通则关于二年或者一年诉讼时效期间规定的，人民法院不予支持。

第二条 民法总则施行之日，诉讼时效期间尚未满民法通则规定的二年或者一年，当事人主张适用民法总则关于三年诉讼时效期间规定的，人民法院应予支持。

第三条 民法总则施行前，民法通则规定的二年或者一年诉讼时效期间已经届满，当事人主张适用民法总则关于三年诉讼时效期间规定的，人民法院不予支持。

（二）要点简析

1. 人身损害诉讼时效从一年变为三年

《民法通则》第一百三十五条规定了普通诉讼时效期间为二年，法律另有规定的除外。第一百三十六条规定了身体受到伤害要求赔偿的短期诉讼时效期间为一年。但 2017 年 10 月 1 日起施行的《民法总则》将诉讼时效期间统一修改为三年。由于《民法通则》和《民法总则》均属基本法，效力等级处于同一位阶，根据新法优于旧法的原则，《民法总则》关于诉讼时效的规定应视为全面取代了《民法通则》的相关规定。因此，人身损害诉讼时效从原来的一年变成了三年。

《民法总则》施行后诉讼时效期间开始计算的，应当适用三年诉讼时效期间的规定；《民法总则》施行前，《民法通则》规定的二年或者一年诉讼时效期间已经届满的，就不能适用三年诉讼时效的规定；当然，在《民法总则》施行之前发生的人身损害，若想主张适用三年的诉讼时效，那么之前经过的诉讼时效期间必须未满《民法通则》规定的二年或者一年。

2. 人身损害诉讼时效应自治疗终结或定残日起算

《民法通则》规定诉讼时效期间从知道或者应当知道权利被侵害时起计算。《民法总则》则规定，诉讼时效期间自权利人知道或者应当知道权利受到损害以及义务人之日起计算，在原来的基础上增加了一个条件，即权利人除了知道或应当知道权利受损害的事实还必须同时知道义务人才开始计算诉讼时效期间。

人身损害诉讼时效起算日的不同判定，关系着受害人赔偿请求能否得到法院的支持。有观点认为诉讼时效起算日应是侵权行为发生之日或者受伤之日，也有观点认为是伤势确诊之日或者损害结果确定之日、定残日或者治疗终结之日。由于伤情处于持续治疗状态，无法立即确定医疗费等的最终赔偿数额，故诉讼时效不宜从侵权行为发生之日或者伤害当日起算。而伤势确诊之日或者损害结果确定之日又比较笼统，不够明确。所以，诉讼时效应从定残日或者治疗终结之日起算。应采用何种起算日，需具体情况具体分析。

从目前的裁判案例看，没有发生伤残或者即使有伤残但未进行鉴定的，诉讼时效的起算日应为治疗终结之日；有伤残需要定残并且经鉴定确定残疾等级的，一般定残日即受害人损害结果最终确定的时间为诉讼时效的起算日。有个别案例中的法院认为虽有定残日，但医院出具诊断证明书，受伤程度确定，治疗终结，以此时间作为诉讼时效的起算日。

三、管理建议

1. 增强诉讼时效意识，及时处理员工工伤申报

日常工作中，供电企业员工可能发生人身损害事件，需要申请工伤认定。此时人资部门应积极配合员工向人社局进行工伤认定，协助员工早日获得工伤赔偿。员工自身应增强法治意识，注意工伤认定的时限，人资部门也应积极履责，避免出现因未及时进行工伤认定，导致员工不能按照《工伤保险条例》的规定得到救济的情况。

当然，员工的人身损害也可能不构成工伤，此时可要求侵权人赔偿医疗费等费用。若双方协商不成，受害方可诉至法院解决，但应注意诉讼时效期限规定，及时主张权利。

2. 正确认识人身损害诉讼时效起算点，积极治疗、申请伤残等级鉴定

人身损害诉讼时效自治疗终结或定残日起算。针对造成伤残的，受害人应积极配合治疗，待病情稳定后可申请伤残等级鉴定，根据不同伤残等级获取相应赔偿。

四、参考案例

案例 1：未涉及伤残认定的人身损害诉讼时效自治疗终结日起算

案号：（2009）武侯民初字第 354 号、（2013）成民终字第 3109 号、（2014）川民申字第 144 号

案情简介：原告蒲某为被告公司员工，原告受被告指派在工作中受伤。原告与被告均未对该伤害是否属工伤申请认定，致使原告所受伤害是否属工伤未经认定，不能按照《工伤保险条例》的规定得到救济。法院认为，原告在从事被告指派的工作中受伤，被告应当承担原告受伤后的民事赔偿责任。原告蒲某于 2007 年 6 月 9 日受伤，同年 9 月 26 日治疗出院，其在治疗终结后才能确定其具体损害后果。原告 2008 年 9 月 8 日提起诉讼，并未超过诉讼时效。二审法院、再审法院对被告主张的原

告提起诉讼已经超过诉讼时效的主张不予支持。

案例2： 造成伤残的一般以定残日作为诉讼时效的起算日

案号：（2015）烟民四终字第 2147 号、（2016）鲁民申 1104 号

案情简介： 再审申请人某公司将拆除和安装彩钢瓦房盖及门窗的工程以包工包料的方式发包给被申请人王某强，王某强雇请被申请人王某庆及其他案外人从事具体劳务工作，2012 年 12 月 28 日王某庆在拆除彩钢瓦房盖时受到人身伤害。2015 年 4 月 26 日王某庆向法院起诉要求某公司和王某强承担人身损害赔偿。二审法院认定王某强与王某庆之间形成劳务关系，某公司与王某强之间形成承揽关系；申请人某公司将工程承包给不具有资质条件的被申请人王某强不符合法律法规的强制性规定。二审法院判决申请人某公司作为发包人对王某庆的损害承担连带赔偿责任，认定王某庆直到 2014 年 12 月 19 日才确定伤残结果。二审以此时间作为诉讼时效的起算日期，认定王某庆的起诉未超过诉讼时效。再审法院驳回申请人某公司的再审申请。

案例3： 虽主张治疗未终结，法院以定残日作为起算日

案号：（2015）桦民一初字第 743 号（人民法院认为不宜在互联网公布的其他情形）、（2016）吉 02 民终 2173 号、（2017）吉民申 1061 号

案情简介： 2006 年 8 月 30 日原告姚某发生交通事故，前往医院治疗并于 9 月 19 日出院。2008 年 3 月 11 日至 2014 年 6 月 4 日多次住院治疗。2008 年 4 月原告起诉，同年 8 月 6 日撤诉。2013 年 6 月 5 日原告又起诉，同年 11 月 11 日原告自认"因已经超过诉讼时效"，撤回起诉（保留诉权）。由法院委托，分别于 2008 年 4 月 29 日、2008 年 6 月 17 日（第二次为重新申请鉴定）鉴定原告姚某为 9 级伤残。2014 年 8 月 19 日经原告申请，法院委托司法鉴定所进行鉴定。2015 年 8 月经被告申请，法院委托鉴定机构对原告伤情进行鉴定。

一审、二审法院均认为诉讼时效期间从知道或者应当知道权利被侵害之日起计算。姚某在 2008 年时就已经知道其伤残等级结果，在之后的五年中至 2013 年起诉之前，未能提供证据证明向被告主张过权利，其要求赔偿残疾赔偿金、被扶养人生活费（另一原告）的诉讼请求已经超过诉讼时效。原告认为其治疗没有终结，原判决以 2008 年 6 月 17 日的伤残程度鉴定书认定时效起算点，没有法律依据。再审法院认为主张残疾

赔偿金和扶养费的时效期间应为定残之日起一年内，应于 2009 年 6 月 16 日之前主张权利，但由于 2008 年 4 月原告姚某向一审法院起诉，诉讼时效中断，姚某于 2008 年 8 月 6 日撤诉，自此，诉讼时效重新计算，截止日为 2009 年 8 月 5 日。2013 年 6 月 5 日原告起诉已超过诉讼时效，故驳回原告的再审申请。

案例 4：虽有定残但医院出具诊断证明，法院以此作为起算日

案号：（2015）武前民初字第 935 号、（2016）苏 04 民终 451 号、（2016）苏民申 4409 号

案情简介：2011 年 11 月 11 日被告李某与原告薛某两车相撞，致薛某受伤。李某承担主要责任，薛某承担次要责任。薛某于事故当日被送至医院住院治疗至同年 12 月 10 日出院，又于 2011 年 12 月 26 日、2014 年 2 月 12 日在该院住院治疗。2015 年 4 月 20 日薛某申请一审法院委托鉴定机构进行伤残鉴定，2015 年 5 月 20 日治疗医院出具证明，建议薛某在手术中植入的断钉不需取出。2015 年 6 月 2 日，薛某之伤经鉴定为因车祸致左胫腓骨远端粉碎性骨折遗留左踝关节功能障碍构成 10 级伤残。2015 年 7 月 21 日薛某诉至法院。

一审法院认为在医院出具证明后，整个治疗康复过程一直在延续，并不存在超过诉讼时效的问题。二审法院认为经过伤残鉴定才最终对其受伤程度予以确定，薛某起诉未超过诉讼时效。再审法院认为，薛某的伤情处于治疗持续状态，直至 2015 年 5 月 20 日，医院出具诊断证明书后，薛某的受伤程度确定治疗终结，因伤情处于持续状态而无法立即确定医疗费等的最终赔偿数额，故医疗费的诉讼时效不宜从伤害当天起算。薛某起诉未过诉讼时效。

案例 5：诉讼时效适用三年的规定需符合法定条件

案号：（2018）甘 0725 民初 2348 号、（2018）甘 07 民终 1230 号

案情简介：2016 年 12 月 5 日上午，被告吴某 1 的妻子请被告俞某 1 将其工地上的沙子吊运到楼上。当日中午，俞某 1 和儿子俞某 2 一起吊沙。期间吊沙设备突然从二楼掉下，原告武某和案外人黄某受伤。事发后，黄某、武某分别被送往医院救治。2017 年 8 月 12 日，司法医学鉴定所作出司法鉴定意见书，武某的伤势构成 10 级伤残。武某于 2018 年 8 月 10 日起诉身体受到伤害要求赔偿。

一审法院认为，根据武某受伤治疗的过程和申请伤残鉴定的事实，以及吴某 1 与俞某 1 之间的纠纷由（2017）甘 0725 民初 68 号民事判决书确定的事实，诉讼时效并未超过。二审法院认为本案事故发生在 2016 年 12 月 5 日，《民法总则》于 2017 年 10 月 1 日施行，按《民法通则》一年的诉讼时效计算，至 2017 年 10 月 1 日诉讼时效尚未届满，应适用三年诉讼时效期，本案未超过诉讼时效，遂驳回上诉，维持原判。

退休返聘人员的工伤按劳务关系处理

一、案例

案号：（2017）粤 0106 民初 10236 号、（2018）粤 01 民终 11445 号

案情简介：原告孟某为退休人员，2016 年 3 月 31 日被告某公司与其签署了返聘退休人员协议，该协议明确签订的是劳务协议，孟某为退休返聘人员。孟某于 2016 年 7 月 8 日受伤后被送往医院救治，经诊断为：股骨颈骨折（左侧）、桡骨下端骨折（左侧），在该院治疗至 2016 年 7 月 26 日出院。

一审法院认为双方存在劳动关系，确认双方的劳动关系于 2017 年 1 月 12 日解除，并按照工伤认定书判决某公司赔偿相关医疗费、初次劳动能力鉴定费、停工留薪期工资、一次性伤残补助金、一次性工伤医疗补助金、一次性伤残就业补助金等费用。

二审法院认为根据《劳动合同法实施条例》第二十一条的规定，劳动者达到法定退休年龄的，劳动合同终止。孟某入职某公司时，其已达到法定退休年龄。某公司与孟某之间为劳务关系。原审确认并解除双方劳动关系有误，予以纠正。孟某在工作期间受伤，其伤情经劳动行政管理部门认定为工伤，故其因受伤的各项损失，参照工伤保险的相关规定，由某公司承担赔偿责任。

二、法律分析

（一）关键法条

《侵权责任法》

第三十五条　个人之间形成劳务关系，提供劳务一方因劳务造成他人损害的，由接受劳务一方承担侵权责任。提供劳务一方因劳务自己受到损害的，根据双方各自的过错承担相应的责任。

《劳动合同法实施条例》

第二十一条　劳动者达到法定退休年龄的，劳动合同终止。

《劳动合同法》

第四十四条　有下列情形之一的，劳动合同终止：

（一）劳动合同期满的；

（二）劳动者开始依法享受基本养老保险待遇的；

（三）劳动者死亡，或者被人民法院宣告死亡或者宣告失踪的；

（四）用人单位被依法宣告破产的；

（五）用人单位被吊销营业执照、责令关闭、撤销或者用人单位决定提前解散的；

（六）法律、行政法规规定的其他情形。

《工伤保险条例》

第二条　中华人民共和国境内的企业、事业单位、社会团体、民办非企业单位、基金会、律师事务所、会计师事务所等组织和有雇工的个体工商户（以下称用人单位）应当依照本条例规定参加工伤保险，为本单位全部职工或者雇工（以下称职工）缴纳工伤保险费。

中华人民共和国境内的企业、事业单位、社会团体、民办非企业单位、基金会、律师事务所、会计师事务所等组织的职工和个体工商户的雇工，均有依照本条例的规定享受工伤保险待遇的权利。

最高人民法院《关于审理人身损害赔偿案件适用法律若干问题的解释》法释〔2003〕20号

第十一条　雇员在从事雇佣活动中遭受人身损害，雇主应当承担赔偿责任。雇佣关系以外的第三人造成雇员人身损害的，赔偿权利人可以请求第三人承担赔偿责任，也可以请求雇主承担赔偿责任。雇主承担赔偿责任后，可以向第三人追偿。

雇员在从事雇佣活动中因安全生产事故遭受人身损害，发包人、分包人知道或者应当知道接受发包或者分包业务的雇主没有相应资质或者安全生产条件的，应当与雇主承担连带赔偿责任。

属于《工伤保险条例》调整的劳动关系和工伤保险范围的，不适用本条规定。

最高人民法院《关于审理劳动争议案件适用法律若干问题的解释（三）》法释〔2010〕12号

第七条　用人单位与其招用的已经依法享受养老保险待遇或领取退

休金的人员发生用工争议，向人民法院提起诉讼的，人民法院应当按劳务关系处理。

最高人民法院行政审判庭《关于离退休人员与现工作单位之间是否构成劳动关系以及工作时间内受伤是否适用〈工伤保险条例〉问题的答复》〔2007〕行他字第 6 号

重庆市高级人民法院：

你院（2006）渝高法行示字第 14 号《关于离退休人员与现在工作单位之间是否构成劳动关系以及工作时间内受伤是否适用〈工伤保险条例〉一案的请示》收悉。经研究，原则同意你院第二种意见，即：根据《工伤保险条例》第二条、第六十一条等有关规定，离退休人员受聘于现工作单位，现工作单位已经为其缴纳了工伤保险费，其在受聘期间因工作受到事故伤害的，应当适用《工伤保险条例》的有关规定处理。

最高人民法院行政审判庭《关于超过法定退休年龄的进城务工农民因工伤亡的，应否适用〈工伤保险条例〉请示的答复》〔2010〕行他字第 10 号

山东省高级人民法院：

你院报送的《关于超过法定退休年龄的进城务工农民工作时间内受伤是否适用〈工伤保险条例〉的请示》收悉。经研究，原则同意你院的倾向性意见。即：用人单位聘用的超过法定退休年龄的务工农民，在工作时间内、因工作原因伤亡的，应当适用《工伤保险条例》的有关规定进行工伤认定。

此复。

二〇一〇年三月十七日

最高人民法院《关于超过法定退休年龄的进城务工农民在工作时间内因公伤亡的，能否认定工伤的答复》〔2012〕行他字第 13 号

江苏省高级人民法院：

你院（2012）苏行他字第 0902 号《关于杨通诉南京市人力资源和社会保障局终止工伤行政确认一案的请示》收悉。经研究，答复如下：

同意你院倾向性意见。相同问题我庭 2010 年 3 月 17 日在给山东省高级人民法院的《关于超过法定退休年龄的进城务工农民因公伤亡的，应否适用〈工伤保险条例〉请示的答复》（〔2010〕行他字第 10 号）中已经明确。即，用人单位聘用的超过法定退休年龄的务工农民，在工作时间内、因工作原因伤亡的，应当适用《工伤保险条例》的有关规定进行工伤认定。

此复。

二〇一二年十一月二十五日

人力资源社会保障部《关于执行〈工伤保险条例〉若干问题的意见（二）》人社部发〔2016〕29号

二、达到或超过法定退休年龄，但未办理退休手续或者未依法享受城镇职工基本养老保险待遇，继续在原用人单位工作期间受到事故伤害或患职业病的，用人单位依法承担工伤保险责任。

用人单位招用已经达到、超过法定退休年龄或已经领取城镇职工基本养老保险待遇的人员，在用工期间因工作原因受到事故伤害或患职业病的，如招用单位已按项目参保等方式为其缴纳工伤保险费的，应适用《工伤保险条例》。

（二）地方法规

《浙江省工伤保险条例》（浙江省人民代表大会常务委员会公告第 64 号）

第三十九条　经省社会保险行政部门批准，市、县可以试行职业技工等学校的学生在实习期间和已超过法定退休年龄人员在继续就业期间参加工伤保险。省社会保险行政部门应当加强指导。

《广东省工伤保险条例》（广东省第十一届人民代表大会常务委员会公告第 69 号）

第六十五条　劳动者达到法定退休年龄或者已经依法享受基本养老保险待遇的，不适用本条例。

前款规定的劳动者受聘到用人单位工作期间，因工作原因受到人身伤害的，可以要求用人单位参照本条例规定的工伤保险待遇支付有关费用。双方对损害赔偿存在争议的，可以依法通过民事诉讼方式解决。

（三）要点简析

1. 退休返聘人员的工伤按劳务关系处理

司法实践中普遍认为用人单位与其招用的已经依法享受养老保险待遇或领取退休金的人员之间形成的是劳务关系而非劳动关系。

《侵权责任法》只规定了个人之间形成劳务关系，提供劳务一方因劳务自己受到损害的，根据双方各自的过错承担相应的责任，并未规定若单位和个人之间形成劳务关系，个人因工作受损害，如何分配责任的问题。司法实践中，对于未被认定为工伤的，有的法院判定单位承担雇主责任，按照雇佣关系处理或者侵权关系处理；而对于被认定为工伤的，有的法院判定单位和个人之间形成劳务关系，可适用《工伤保险条例》相关规定。在立法和司法实践中，雇佣和劳务两者含义其实是一样的。

实践中，法院判定退休返聘人员的"工伤"按雇佣关系处理，雇主应当承担赔偿责任；也有认定退休返聘人员与单位形成劳务关系，应以民事侵权诉讼向单位主张权利；因第三人造成伤害的，第三人侵权责任和雇主赔偿责任两种请求权竞合只能择一行使，不可同时获得"双份"赔偿。

2. 退休返聘人员的工伤一定条件下可适用《工伤保险条例》

司法实践中，对于退休返聘人员的工伤能否适用《工伤保险条例》的规定，则有分歧。针对被劳动行政管理部门认定为工伤的或者单位为退休返聘人员缴纳工伤保险的，法院一般会判定退休返聘人员的工伤适用《工伤保险条例》的规定，否则不适用《工伤保险条例》的规定。

我国法律、法规并未明确规定退休返聘人员的工伤能否适用《工伤保险条例》。但是最高人民法院对于下级人民法院的请示以及人力资源社会保障部《关于执行〈工伤保险条例〉若干问题的意见（二）》则倾向于应该适用《工伤保险条例》，前提是单位已为退休返聘人员缴纳工伤保险费。地方立法上，2012 年施行的《广东省工伤保险条例》规定退休返聘人员因工受伤，可以要求用人单位参照该条例规定的工伤保险待遇支付有关费用，但双方对损害赔偿存在争议的，通过民事诉讼方式解决，隐含的意思是退休返聘人员可以适用工伤保险条例的规定，其与单位之间非劳动关系而是普通的劳务关系，双方因此产生的争议受民事法律调整非劳动法律调整；2018 年施行的《浙江省工伤保险条例》也规定经省社会保险行政部门批准，市、县可以试行已超过法定退休年龄人员在继续就业期间参加工伤保险。可见，退休返聘人员与用人单位之间虽不是劳动关系，但是从保护劳动者角度出发，如果单位为退休返聘人员缴纳工伤保险费的，则应适用《工伤保险条例》的规定。

三、管理建议

1. 严格执行规章制度，避免出现退休返聘

退休制度是职工在年老或病残丧失劳动能力，离开原来的劳动岗位，并能从国家或企业获得一定物质保障的一种劳动保障制度。养老保险是为劳动者在因年老或病残丧失劳动能力的情况下退出劳动领域而提供的生活保障。根据《劳动合同法》第四十四条第（二）项规定：劳动者开始依法享受基本养老保险待遇的，劳动合同终止。正常情况下，已领取养老金的退休职工受到社会保障法的保护，不再纳入劳动法的保护范围。员工达到法定退休年龄即应退休，终止劳动合同，办理退休手续。供电企业应协助办理退休手续。原则上用人单位严禁擅自延长员工退休年龄，不应继续履行原劳动合同或者退休返聘，避免不必要的纠纷发生。

2. 正确签订退休返聘合同，明确是否参加工伤保险

实践工作中，因退休人员经验丰富、工作能力突出、工作需要或者历史遗留等原因，用人单位已经形成退休返聘的事实。因返聘人员在原单位继续工作等原因，双方往往对退休返聘合同不够重视：有的甚至未签订合同；有的即使签了合同，合同名称五花八门，往往以劳动合同、用工合同命名；合同权利义务约定也不规范，未约定为退休返聘人员。司法实践中有法院会因此做出误判，判定用人单位与退休返聘人员之间是劳动关系。

因此，用人单位有必要准确命名退休返聘合同，约定对方为退休返聘人员，约定双方的权利义务，如工作时间、工作强度、工资、福利待遇，特别要明确是否参加工伤保险，若用人单位为退休返聘人员缴纳工伤保险费，则退休返聘人员因工受伤可适用《工伤保险条例》的规定，否则退休返聘人员只能按照相关民事法律，要求用人单位承担损害赔偿责任。若有第三人侵权的，第三人侵权责任和雇主赔偿责任两种请求权竞合只能择一行使。

四、参考案例

案例 1： 退休返聘人员的"工伤"按雇佣关系处理

案号：（2017）苏 0583 民初 10383 号、（2017）苏 05 民终 9347 号

案情简介： 2014 年 6 月 30 日，被告二某公司分公司与原告于某签

订《退休返聘合同》，约定由于某至金融园及周边从事环境保洁业务。2015 年 6 月 30 日，被告一某公司与于某签订退休返聘合同书，约定由某公司聘请于某至金融园及周边进行保洁。2016 年，某公司再次与于某签订退休返聘合同书，约定由某公司聘请于某至金融园及周边区域进行保洁工作，期限从 2016 年 7 月 1 日至 2017 年 6 月 30 日。2016 年 8 月 19 日，于某在工作打扫卫生时不慎摔倒，导致左腿受伤。2016 年 8 月 22 日，于某至中医院进行检查，为左腿骨折。2016 年 8 月 24 日，于某入市中医医院住院治疗。2017 年 3 月 16 日，于某委托某司法鉴定中心对其伤残进行鉴定，2017 年 4 月 18 日，鉴定中心出具鉴定意见书。

一审法院认为，于某与某公司签订返聘合同后，实际由某公司分公司派驻其在金融园从事保洁工作。于某在工作中因工作原因受伤，某公司、某公司分公司理当对于某受伤的损失承担赔偿责任。二审法院认为，雇员在从事雇佣活动中遭受人身损害，雇主应当承担赔偿责任。因某公司、某公司分公司未提供证据证明于某有重大过失，不能因此减轻单位的赔偿责任，遂驳回上诉，维持原判。

案例 2：第三人侵权责任和雇主赔偿责任请求权竞合只能择一行使

案号：（2017）豫 0223 民初 161 号、（2017）豫 02 民终 2648 号、（2014）尉民初字第 499 号、（2014）汴民终字第 1612 号、（2016）豫民抗 213 号、（2014）尉民初字第 1761 号、（2014）汴民终字第 2041 号

案情简介：2013 年 10 月 15 日曹某驾驶电动三轮车与原告靳某及张某相撞，造成张某死亡、靳某受伤的交通事故。该事故经公安机关认定，曹某承担全部责任。张某生前已退休，被某幼儿园聘用为生活老师，幼儿园与被告二某小学系附属关系。一审法院已对曹某作出了刑事判决，原告及张某亲属也对曹某提起了民事索赔诉讼，且判决已生效，正在执行中。原告及张某亲属于 2014 年 8 月对被告一某教体局提起健康权诉讼，一审法院认为张某返聘于幼儿园，与教体局无雇佣隶属关系，原告等主张教体局赔偿相关费用无法律依据，驳回起诉，原告等不服提起上诉，二审法院裁定驳回上诉。2014 年靳某申请对张某认定工伤，市人力资源和社会保障局决定不予受理。

一审法院认为，张某与某小学形成了劳务合同关系，张某与教体局没有劳务合同关系。张某在提供劳务过程中遭受劳务合同以外的第三人

曹某侵权导致死亡，形成了第三人侵权责任和雇主赔偿责任两种请求权的竞合。只能择一请求，不能重复选择。二审法院维持原判。

案例 3：退休返聘人员在工作期间死亡可适用《工伤保险条例》

案号：（2017）豫 1103 民初 806 号、（2017）豫 11 民终 1710 号

案情简介：原告裴某系裴某独子。裴某工作于被告某医院，裴某退休后被该医院返聘，2016 年 9 月 16 日，裴某在工作期间死亡。2017 年 2 月 16 日，原告裴某向市劳动人事争议仲裁委员会提起劳动仲裁，同日，市劳动人事争议仲裁委员会作出漯劳人仲案字〔2017〕0042 号不予受理通知书，认为原告的申请不符合受理条件，对原告的申请不予受理。

一审法院认为，裴某原系被告医院职工，退休后被原单位返聘继续工作。原告要求按工伤保险待遇支付裴某丧葬费和一次性工亡补助金，于法有据。二审法院维持原判。

案例 4：退休返聘人员与单位形成劳务关系

案号：（2006）兴民一初字第 540 号、（2006）南市民一终字第 924 号、（2009）南市民抗再字第 32 号

案情简介：原告饶某于 1999 年 9 月从某矿产公司退休后返聘回工作，每月除从社保领取养老金外，另根据劳动状况及用工合同的约定从某矿产公司领取报酬，饶某在工作中受伤。某矿产公司破产清算时，在职及退休工伤人员的伤残补助金等都列入破产费用测算方案，但饶某未主张权利，不包括在其中。某矿产公司破产后，饶某为某公司工作，除按月领取养老金外，亦另根据劳动状况及用工合同的约定向某公司领取报酬。

一、二审法院认为，某公司与某矿产公司系两个不同的独立企业，饶某以其 2001 年在某矿产公司工作期间发生的工伤为由，要求某公司支付伤残补偿金无法律依据。

再审法院认为，饶某从某矿产公司退休后，其与某矿产公司的劳动关系终止，其返聘回某矿产公司工作，与其形成劳务关系而非劳动关系。饶某为某公司工作，因其系已按月领取养老金的退休人员，与其形成的为劳务关系而非劳动关系。饶某在退休返聘回某矿产公司工作中受伤，其应以民事侵权诉讼向某矿产公司主张权利。但某矿产公司进行破产清算时饶某未主张权利，其以某公司是某矿产公司的承继企业为由要求某公司承担工伤待遇没有依据，遂维持一、二审判决结果。

工伤保险待遇与交通事故赔偿部分可兼得

一、案例

案号：（2017）皖 0503 民初 4767 号（2018）皖 05 民终 460 号

案情简介：原告系某公司职工。2013 年 11 月 28 日，原告驾驶摩托车在上班途中发生交通事故受伤，构成七级伤残，被依法认定为工伤，因伤治疗共产生医疗费 682324.54 元。2015 年 5 月 19 日，法院判决保险公司赔偿原告交通事故各项损失 110000 元，第三人连带赔偿原告993479.54 元。2017 年 7 月 14 日，原告以其未获得部分工伤保险待遇为由申请劳动仲裁，被以原告获得的民事赔偿数额超过了其主张的工伤保险待遇为由，驳回仲裁请求。原告不服提起诉讼。

一审法院认为，原告虽然提起了侵权赔偿之诉，法院亦已作出生效判决，但原告实际只获得约 159000 元赔偿，因此，就其未能获得实际赔偿的工伤保险待遇部分，其仍有权要求赔偿。用人单位未在职工发生事故伤害之日起 30 日内提交工伤认定申请，在此期间发生的医疗费、住院伙食补助费、护理费、停工留薪期待遇、住宿费、交通费以及一次性伤残就业补助金等工伤保险待遇，应由用人单位支付。一审判决某公司支付原告工伤保险相关待遇 476492.54 元。二审驳回上诉，维持原判。

二、法律分析

（一）关键法条

《社会保险法》

第四十一条　职工所在用人单位未依法缴纳工伤保险费，发生工伤事故的，由用人单位支付工伤保险待遇。用人单位不支付的，从工伤保险基金中先行支付。

从工伤保险基金中先行支付的工伤保险待遇应当由用人单位偿还。用人单位不偿还的，社会保险经办机构可以依照本法第六十三条的规定追偿。

第四十二条　由于第三人的原因造成工伤，第三人不支付工伤医疗费用或者无法确定第三人的，由工伤保险基金先行支付。工伤保险基金先行支付后，有权向第三人追偿。

《工伤保险条例》

第十七条　职工发生事故伤害或者按照职业病防治法规定被诊断、鉴定为职业病，所在单位应当自事故伤害发生之日或者被诊断、鉴定为职业病之日起 30 日内，向统筹地区社会保险行政部门提出工伤认定申请。遇有特殊情况，经报社会保险行政部门同意，申请时限可以适当延长。

用人单位未按前款规定提出工伤认定申请的，工伤职工或者其近亲属、工会组织在事故伤害发生之日或者被诊断、鉴定为职业病之日起 1 年内，可以直接向用人单位所在地统筹地区社会保障行政部门提出工伤认定申请。

按照本条第一款规定应当由省级社会保险行政部门进行工伤认定的事项，根据属地原则由用人单位所在地的设区的市级社会保险行政部门办理。

用人单位未在本条第一款规定的时限内提交工伤认定申请，在此期间发生符合本条例规定的工伤待遇等有关费用由该用人单位负担。

最高人民法院《关于审理工伤保险行政案件若干问题的规定》法释〔2014〕9 号

第八条　职工因第三人的原因受到伤害，社会保险行政部门以职工或者其近亲属已经对第三人提起民事诉讼或者获得民事赔偿为由，作出不予受理工伤认定申请或者不予认定工伤决定的，人民法院不予支持。

职工因第三人的原因受到伤害，社会保险行政部门已经作出工伤认定，职工或者其近亲属未对第三人提起民事诉讼或者尚未获得民事赔偿，起诉要求社会保险经办机构支付工伤保险待遇的，人民法院应予支持。

职工因第三人的原因导致工伤，社会保险经办机构以职工或者其近亲属已经对第三人提起民事诉讼为由，拒绝支付工伤保险待遇的，人民法院不予支持，但第三人已经支付的医疗费用除外。

（二）地方规定

四川省人民政府《关于贯彻〈工伤保险条例〉的实施意见》川府发〔2003〕42 号

十、职工上下班途中受到交通机动车事故伤害，或者履行工作职责和完成工作任务过程中遭受意外伤害，按《条例》规定认定为工伤和视同工伤的，如第三方责任赔偿的相关待遇已经达到工伤保险相关待遇标准的，用人单位或社会保险经办机构不再支付相关待遇；如第三方责任赔偿低于工伤保险相关待遇，或因其他原因使工伤职工未获得赔偿的，用人单位或社会保险经办机构应按照规定补足工伤保险相关待遇。

《广东省高级人民法院、广东省劳动人事争议仲裁委员会关于审理劳动人事争议案件若干问题的座谈会纪要》2012 年 7 月 23 日

第六条 劳动者工伤由第三人侵权所致，第三人已承担侵权赔偿责任，劳动者或者其近亲属又请求用人单位支付工伤保险待遇的，用人单位所承担的工伤保险责任应扣除医疗费、辅助器具费和丧葬费。

《关于贯彻落实国务院修改后〈工伤保险条例〉若干问题的通知》浙人社发〔2011〕253 号

七、因第三人侵权认定为工伤的待遇处理办法。在遭遇交通事故或其他事故伤害的情形下，职工因劳动关系以外的第三人侵权造成人身损害，同时构成工伤的，依法享受工伤保险待遇。如职工获得侵权赔偿，其享受待遇的相对应项目中应当扣除第三人支付的下列五项费用：医疗费，残疾辅助器具费，工伤职工在停工留薪期间发生的护理费、交通费、住院伙食补助费。

（三）要点简析

1. 工伤保险与交通事故侵权赔偿的关系

第三人侵权引起工伤事故的情形下，会产生两种赔偿请求权，一是职工的工伤保险赔偿请求权，二是职工向第三人提起的侵权损害赔偿请求权。两种请求权的权利基础和归责原则不同，工伤赔偿请求权基础是劳动者因发生工伤事故获得的一种社会保险利益，有社会保险性质。第三人侵权损害赔偿请求权基础是劳动者因第三人侵权致害而取得。侵权损害赔偿实行的是填平原则、过错原则和过失相抵原则，侵权损害赔偿的损失包括财产性损失及非财产性损失，其性质属于私法领域的赔偿。

最高人民法院《关于审理工伤保险行政案件若干问题的规定》明确，第三人侵权造成工伤的，除医疗费用外，工伤保险待遇与民事侵权赔偿可以兼得。从本专题所列的法条可知，在《关于审理工伤保险行政案件若干问题的规定》出台之前，各省关于工伤保险待遇与民事侵权赔偿是否可以兼得，以及哪些项目可以兼得的规定各有差异，各地法院对该类型案件的裁判也不尽相同。自 2014 年 9 月以后，此类争议逐渐减少。各地也普遍认可劳动者因第三人侵权造成人身损害并构成工伤，即使侵权人已经赔偿，劳动者仍有权请求用人单位或工伤保险机构支付除医疗费用之外的工伤保险待遇。也就是说，除了医疗费用外，对其他赔偿费用，受害人可以获得双份赔偿。

2. 单位虽然缴纳了工伤保险，但未及时申报，应承担在此期间的费用

根据《社会保险法》第四十一条，职工所在用人单位未依法缴纳工伤保险费，发生工伤事故的，由用人单位支付工伤保险待遇；《工伤保险条例》第十七条，用人单位未在规定的时限内提交工伤认定申请，在此期间发生符合本条例规定的工伤待遇等有关费用由该用人单位负担。劳动者是否申请工伤认定是劳动者的权利，并由其自由处分。但为劳动者缴纳工伤保险费办理工伤保险关系及事故发生后为劳动者申请工伤认定，是用人单位的法定强制性义务。前文案例中，该公司虽然为原告缴纳了工伤保险，但怠于履行及时申报的义务，造成了承担原告工伤保险相关待遇 476492.54 元的后果。可见，在职工发生工伤后及时申报极为重要。

三、管理建议

1. 认真领会本省关于工伤保险与侵权赔偿竞合的规定

虽然最高人民法院《关于审理工伤保险行政案件若干问题的规定》明确了除医疗费用外，工伤保险待遇与民事侵权赔偿可以兼得，但工伤保险待遇与第三人侵权赔偿竞合的问题在理论上和实务中仍然存在争议。建议各单位在处理此类案件时，认真查找、领会本省的有关规定与解释，妥善处理，让当事人在案件中都感受到公平正义。

2. 及时为员工申报工伤

根据《工伤保险条例》第十七条第一款，用人单位申请工伤认定的期限是 30 日。交通事故或第三人侵权类的工伤认定，因为涉及交通事故责任认定或第三人侵权案件的裁判，往往需要较长时间才能取得最终定性结果，用人单位很容易在等待相关结果的过程中，错过工伤认定的申请。此后如果工伤职工或者其直系亲属提起并获得工伤认定，则用人单位将根据《工伤保险条例》第十七条第四款，承担逾期期间发生的本应由工伤保险基金支付的工伤待遇等有关费用。

四、参考案例

案例：用人单位未办理工伤保险应补足待遇

案号：（2017）甘 0271 民初 2558 号、（2018）甘 02 民终 128 号

案情简介：王某系某公司职工，2015 年 2 月 17 日因交通事故死亡，市人社局认定其为工伤。某公司没有为王某办理工伤保险。王某亲属因交通事故已经获得相应损失赔偿。2017 年 5 月 15 日，市劳动人事争议仲裁委员会裁决某公司支付王某亲属丧葬补助金，一次性工亡补助金 600360 元。该公司不服起诉。一审法院认为，王某亲属有权主张工伤保险待遇。某公司没有为王某办理工伤保险，因此，应当从工伤保险基金领取的丧葬补助金及一次性工亡补助金由该公司承担，判决驳回该公司诉讼请求。二审维持原判。

加 班 工 资 篇

职工未申请年休假单位也应统筹安排

一、案情简介

案号:（2016）黑 0109 民初 1272 号、（2018）黑 01 民终 3177 号

案情简介: 2012 年 7 月 9 日,原告到被告处从事工程师工作,基本工资 5600 元。2013 年至 2015 年,原告未休带薪年假。2016 年 3 月 25 日,被告向原告送达解除合同通知欲单方解除劳动合同,未与原告达成一致。被告向劳动人事争议仲裁委员会申请仲裁。劳动人事争议仲裁委员会受理并作出了裁决。原告对仲裁裁决不服,故诉至法院。

原告向法院提出诉讼请求:判令被告立即给付原告未休带薪年假工资 23 130 元（2013 年至 2015 年的月工资 5600÷21.7 天×10 天×300%×3 年）。被告不同意原告的诉讼请求,辩称,根据被告处的工作制度,员工提出休年假,应该向单位提出书面申请,经批复后可休,且当年度的年休假必须当年休完,超过当年度,过期不补休,原告未按规定提出休年假,现在主张年休假已超过诉讼时效,且冬休已经享受了年假。请求驳回原告诉请。一审法院查明:未休年休假明细表,是原告单方制作的,不予采信;公司员工带薪年休假管理办法,没有向原告传达的记录,不能确定原告知晓该文件内容,不予采信。一审法院认为:安排职工年休假是用人单位的职责,不应依劳动者申请,更不应将职工未申请休年休假作为免除用人单位支付未休年休假工资报酬的理由。故支持原告要求给付未休年休假工资的请求。法律规定的月计薪天数为 21.75 天。原告称其 2002 年开始参加工作,但未举示证据予以证明,故其应休年休假为 5 天。扣除已支付的年休假当日工资,被告应给付原告 2013 年至 2015 年未休年休假工资 7724.14 元（2013 年至 2015 年月工资 5600 元÷21.75 天×5 天×200%×3 年）。二审维持原判。

二、法律分析

（一）关键法条
《劳动法》

第四十四条 有下列情形之一的,用人单位应当按照下列标准支付

高于劳动者正常工作时间工资的工资报酬：

（一）安排劳动者延长工作时间的，支付不低于工资的百分之一百五十的工资报酬；

（二）休息日安排劳动者工作又不能安排补休的，支付不低于工资的百分之二百的工资报酬；

（三）法定休假日安排劳动者工作的，支付不低于工资的百分之三百的工资报酬。

《劳动合同法》

第三十条 【劳动报酬】用人单位应当按照劳动合同约定和国家规定，向劳动者及时足额支付劳动报酬。

用人单位拖欠或者未足额支付劳动报酬的，劳动者可以依法向当地人民法院申请支付令，人民法院应当依法发出支付令。

《职工带薪年休假条例》

第三条 职工累计工作已满 1 年不满 10 年的，年休假 5 天；已满 10 年不满 20 年的，年休假 10 天；已满 20 年的，年休假 15 天。

国家法定休假日、休息日不计入年休假的假期。

第五条 单位根据生产、工作的具体情况，并考虑职工本人意愿，统筹安排职工年休假。

年休假在 1 个年度内可以集中安排，也可以分段安排，一般不跨年度安排。单位因生产、工作特点确有必要跨年度安排职工年休假的，可以跨 1 个年度安排。

单位确因工作需要不能安排职工休年假的，经职工本人同意，可以不安排职工休年假。对职工应休未休假天数，单位应当按照该职工日工资收入的 300%支付年休假工资报酬。

第七条 单位不安排职工休年休假又不依照本条例规定给予年休假工资报酬的，由县级以上地方人民政府人事部门或者劳动保障部门依据职权责令限期改正；对逾期不改正的，除责令该单位支付年休假工资报酬外，单位还应当按照年休假工资报酬的数额向职工加付赔偿金；对拒不支付年休假工资报酬、赔偿金的，属于公务员和参照公务员法管理的人员所在单位的，对直接负责的主管人员以及其他直接责任人员依法给予处分；属于其他单位的，由劳动保障部门、人事部门或者职工申请人民法院强制执行。

《企业职工带薪年休假实施办法》

第三条 职工连续工作满 12 个月以上的，享受带薪年休假。

第四条 年休假天数根据职工累计工作时间确定。职工在同一或者不同用人单位工作期间，以及依照法律、行政法规或者国务院规定视同工作期间，应当计为累计工作时间。

第九条 用人单位根据生产、工作的具体情况，并考虑职工本人意愿，统筹安排年休假。用人单位确因工作需要不能安排职工年休假或者跨 1 个年度安排年休假的，应征得职工本人同意。

第十条 用人单位经职工同意不安排年休假或者安排职工休假天数少于应休年休假天数的，应当在本年度内对职工应休未休年休假天数，按照其日工资收入的 300%支付未休年休假工资报酬，其中包含用人单位支付职工正常工作期间的工资收入。

用人单位安排职工休年休假，但是职工因本人原因且书面提出不休年休假的，用人单位可以只支付其正常工作期间的工资收入。

第十一条 计算未休年休假工资报酬的日工资收入按照职工本人的月工资除以月计薪天数（21.75 天）进行折算。

前款所称月工资是指职工在用人单位支付其未休年休假工资报酬前12 个月剔除加班工资后的月平均工资。在本用人单位工作时间不满 12个月的，按实际月份计算月平均工资。

职工在年休假期间享受与正常工作期间相同的工资收入。实行计件工资、提成工资或者其他绩效工资制的职工，日工资收入的计发办法按照本条第一款、第二款的规定执行。

最高人民法院《关于审理劳动争议案件适用法律若干问题的解释（三）》法释〔2010〕12 号

第十条 劳动者与用人单位就解除或者终止劳动合同办理相关手续、支付工资报酬、加班费、经济补偿或者赔偿金等达成的协议，不违反法律、行政法规的强制性规定，且不存在欺诈、胁迫或者乘人之危情形的，应当认定有效。

前款协议存在重大误解或者显失公平情形，当事人请求撤销的，人民法院应予支持。

第十二条　劳动人事争议仲裁委员会逾期未作出受理决定或仲裁裁决，当事人直接提起诉讼的，人民法院应予受理，但申请仲裁的案件存在下列事由的除外：

（一）移送管辖的；

（二）正在送达或送达延误的；

（三）等待另案诉讼结果、评残结论的；

（四）正在等待劳动人事争议仲裁委员会开庭的；

（五）启动鉴定程序或者委托其他部门调查取证的；

（六）其他正当事由。

当事人以劳动人事争议仲裁委员会逾期未作出仲裁裁决为由提起诉讼的，应当提交劳动人事争议仲裁委员会出具的受理通知书或者其他已接受仲裁申请的凭证或证明。

第十四条　劳动人事争议仲裁委员会作出的同一仲裁裁决同时包含终局裁决事项和非终局裁决事项，当事人不服该仲裁裁决向人民法院提起诉讼的，应当按照非终局裁决处理。

劳动和社会保障部《关于职工全年月平均工作时间和工资折算问题的通知》劳社部发〔2008〕3号

按照《劳动法》第五十一条的规定，法定节假日用人单位应当依法支付工资，即折算日工资、小时工资时不剔除国家规定的 11 天法定节假日。据此，日工资、小时工资的折算为：

日工资：月工资收入÷月计薪天数

小时工资：月工资收入÷（月计薪天数×8 小时）。

月计薪天数＝（365 天－104 天）÷12 月＝21.75 天

（二）要点简析

1. 员工因未申请而未休年假，用人单位应给付相应工资

带薪年休假简称年休假，是指劳动者连续工作一年以上，就可以享受一定时间的带薪年假。《企业职工带薪年休假实施办法》第九条和第十条规定，用人单位应根据生产、工作的具体情况，并考虑职工本人意愿，统筹安排年休假。用人单位经职工同意不安排年休假或者安排职工年休假天数少于应休假天数的，应当在本年度内对职工应休未休年休假天数，按照其日工资收入的 300%支付未休年休假工资报酬。《职工带薪年休假条例》第

七条规定，单位不安排职工休年休假又不依照本条例规定给予年休假工资报酬的，由县级以上地方人民政府人事部门或者劳动保障部门依据职权责令限期改正。主动安排职工休年假是单位的强制义务，单位应当积极制定并公示年度职工休假计划，督促职工休假。对于劳动者未主动申请的，也不能视为自动放弃。除非用人单位安排休假，但职工因本人原因且通过书面形式正式向单位提出不休年休假的，方可视为自行放弃。本案中，原告虽未主动要求休假，但单位也未主动安排，所以不能认定原告放弃休假。

2. 员工更换工作单位后的工作年限应连续计算

《企业职工带薪年休假实施办法》第四条规定，年休假天数根据职工累计工作时间确定。职工在同一或者不同用人单位工作期间，以及依照法律、行政法规或者国务院规定视同工作期间，应当计为累计工作时间。即使换了工作单位的员工，其年休假天数无需重新计算在新单位的连续工作年限，且在原单位当年已部分休过年休假的，在新单位仍可按规定继续休年休假，只不过需要按规定折算：在新单位当年年休假天数=当年度在本单位剩余日历天数÷365 天×员工本人全年应当享受的年休假天数。如果折算后不足 1 整天的，不享受年休假。

3. 单位难以安排年休假，除正常发放工资外还应赔偿两倍工资

《职工带薪年休假条例》第五条第一款规定，单位根据生产、工作的具体情况，并考虑职工本人意愿，统筹安排职工年休假。年休假在 1 个年度内可以集中安排，也可以分段安排，一般不跨年度安排。《企业职工带薪年休假实施办法》第九条明确：用人单位确因工作需要不能安排职工年休假或者跨 1 个年度安排年休假的，应征得职工本人同意。可见，虽然如何安排休假是用人单位的权利，但也应当统筹兼顾工作需要和员工个人意愿，且一般不得跨年度安排，除非征得职工同意。虽然《职工带薪年休假条例》规定应按职工日工资收入的 300%支付年休假工资报酬，但其中包含用人单位支付职工正常工作期间的工资收入。本专题中，原告已经正常领取了工资，因此，只能主张 200%的未休假工资报酬。

三、管理建议

1. 认真核查确定员工的工作年限

员工在其他单位的工作年限影响年休假的天数。派遣制用工的工作

年限核查相对复杂。户籍在当地的员工，单位可以通过核查员工档案来确定，户籍不在当地的外地员工，则采取入职申明的方法让员工填写《员工基本情况表》，由本人填写就业经历和累计工作年限，单位通过背景调查后再根据员工的履历给予员工相应的带薪年休假。根据《劳动合同法》第八条、第二十六条和第八十六条的规定，用人单位有权了解劳动者与劳动合同直接相关的基本情况。因此，劳动者应当为自己入职时填写的履历负责，如果弄虚作假，单位可以要求劳动者承担相应的赔偿责任。

2. 建立完整的年休假制度

带薪年假是法律赋予劳动者的休息权利，员工何时休年假是自主决定的，但《职工带薪年休假条例》第5条规定，单位根据生产、工作的具体情况，并考虑职工本人意愿，统筹安排职工年休假。年休假在1个年度内可以集中安排，也可以分段安排。因此，对于休假的问题，最好由双方协商而定，兼顾公私利益。建立完整的年休假制度，包括明确的休假条件要求、审批手续以及未休假的工资报酬，做到有章可循，防止出现休假管理混乱或员工不满的情况。

3. 单位有义务统筹安排员工年休假

企业有统筹安排员工休带薪年休假的权利，也有统筹安排员工年休假的义务。一般可由员工申请或者要求员工每年年初申报年休假计划，企业再根据员工的计划进行统筹安排。下半年度员工仍然没有休完年假的，企业应及时提醒或者直接进行统筹安排。这种方式既兼顾了员工的心理，又能防止不必要的法律风险。

四、参考案例

案号：（2016）黑 0109 民初 1271 号、（2018）黑 01 民终 3057 号

案情简介：原告于 2011 年 7 月入职被告处从事工程师岗位，月工资5300 元，合同期限至 2017 年 1 月 31 日。原告在被告处工作期间，2012年至 2014 年未休年休假，被告拖欠原告带薪年假工资。2016 年 3 月 25日，被告向原告送达了解除合同通知，单方解除双方的劳动合同。被告主张根据企业带薪年休假管理制度，劳动者拟休年假应当履行事先请假程序，以便公司安排顶替其工作的人员。原告未提出休假申请，主张给其带薪休假待遇与公司制度相悖。2016 年 3 月，原告向劳动人事争议仲

裁委员会申请仲裁，仲裁委受理并做出了裁决，但原告对裁决不服，诉至法院。原告诉至法院要求被告支付带薪年假工资 21960 元。一审法院认为，安排职工年休假是用人单位的职责，不应依劳动者申请，更不应将职工未申请休年休假作为免除用人单位支付未休年休假工资报酬的理由。故对原告要求给付未休年休假工资的请求，予以支持。法律规定的月计薪天数为 21.75 天［（365 天－52 周×2）÷12 个月］。原告的社会保险自 2011 年 9 月开始缴纳，至 2016 年劳动合同解除，原告工龄为 5 年，应休年假为 5 天/年，扣除已支付的年休假当日工资，被告应给付原告 2012 年至 2014 年期间三年未休年休假工资即 3655.17 元。二审维持原判。

值班驾驶等岗位可按综合计算工时有限支付加班费

一、案情简介

案号：（2015）甘民初字第 7049 号、（2016）辽 02 民终 1601 号

案情简介：原告于 2011 年 7 月到被告某供电公司从事门卫工作，双方履行的是无固定期限劳动合同；原告实行工作 24 小时休息 48 小时的倒班制度，每月上 10 个班次；被告厂区配备守卫犬和公安联网的报警设备，故被告允许原告夜间值班时睡觉或休息。2015 年 7 月 9 日，原告申请劳动仲裁，要求供电公司支付自 2011 年 7 月至起诉之日加班 480 日的加班费 318140 元。因仲裁申请被驳回，原告诉至法院。

一审法院认为，被告符合实行综合计算工时制的资格且被告为原告提供了休息必要的床铺及其他生活所用设施，除节假日外每日为值班人员供应三餐。原告所从事的门卫工作不同于所在单位的其他岗位，其所从事的夜间值班劳动并非加班行为，在夜间值班时，用人单位已基本停止了生产经营活动，安全防范的压力减小，且被告的工厂占地范围已明显缩小，并已配备守卫犬和报警设备，在晚上关门至早上开门的此段时间内，被告允许原告休息，并且为原告提供了休息的场所及生活必需品，排除夜间 8 小时休息时间及三餐所需的 1.5 小时，原告每月上十个班次，因此原告每月有效的工作时间为 145 小时，原告不存在超时加班行为。一审驳回原告的诉讼请求。二审维持原判。

二、法律分析

（一）关键法条

《劳动法》

第三十九条　企业因生产特点不能实行本法第三十六条、第三十八条规定的，经劳动行政部门批准，可以实行其他工作和休息办法。

劳动部《贯彻〈国务院关于职工工作时间的规定〉的实施办法》1995 年 3 月起施行

第五条　因工作性质或生产特点的限制，不能实行每日工作 8 小时、

每周工作 40 小时标准工时制度的,可以实行不定时工作制或综合计算工时工作制等其他工作和休息办法,并按照劳动部《关于企业实行不定时工作制和综合计算工时工作制的审批办法》执行。

劳动部《关于企业实行不定时工作制和综合计算工时工作制的审批办法》劳部发〔1994〕503 号

第七条 中央直属企业实行不定时工作制和综合计算工时工作制等其他工作和休息办法的,经国务院行业主管部门审核,报国务院劳动行政部门批准。

地方企业实行不定时工作制和综合计算工时工作制等其他工作和休息办法的审批办法,由各省、自治区、直辖市人民政府劳动行政部门制定,报国务院劳动行政部门备案。

电力工业部关于印发《电力劳动者实行综合计算工时工作制和不定时工作制实施办法》的通知 电人教〔1995〕335 号

一、为了保证电力企业职工的合法休息休假权利和促进电力企业的生产发展,根据《中华人民共和国劳动法》第三十九条的规定和《关于企业实行不定时工作制和综合计算工时工作制的审批办法》,考虑电力生产的特点,原则同意你部关于所属企业部分职工,实行不定时工作制的综合计算工时工作制的意见。即:

(一)发电企业运行及供电企业变电值班岗位的职工,电力调度需昼夜不间断作业、值班岗位的职工,可实行以月为周期综合计算工时工作制采取适当的轮班工作方式。

(二)发电企业检修作业岗位的职工,因发电机组检修时限特点,必须连续作业时,可实行以季或年为周期综合计算工时工作制。

(三)电力建设施工企业因生产特点,需连续施工作业,可实行以年为周期综合计算工时工作制,采用适当的集中工作、集中休息方法。

(四)对无法按标准工作时间衡量的部分岗位的职工,如供销、采购、小车司机、交通车司机、仓库装卸、消防队、部分值班岗位等可实行不定时工作制。

劳动部《关于电力企业实行综合计算工时工作制和不定时工作制的批复》劳部发〔1995〕232 号

第二条 电力劳动者实行国家规定的工作时间标准。针对电力企业特点，可分别实行以月、季、年为周期的综合计算工时工作制或不定时工作制。需要昼夜不间断作业的劳动者，实行轮班工作制度；需要集中作业的劳动者，实行集中工作、集中休息或轮换调休等工时制度。但全年月平均工作时间不超过 172 小时。

第五条　实行轮班工作制的劳动者在法定休假节日、休息日轮班工作视为正常工作。其中在法定休假节日工作的按其基本工资的 300%计发加班工资；在法定休假节日休息的按其基本工资的 200%计发加班工资。

第六条　电力生产检修、修试人员实行集中工作、集中休息或轮换调休的综合计算工时工作制，并以季或年为周期综合计算工作时间。在主设备大、小修期间需加班加点的，不发加班工资，事后在保证安全生产的前提下，可以给予同等时间补休。

第九条　对因生产特点、工作特殊需要或职责范围的关系，需机动作业、难以按标准工作时间衡量的岗位，应实行不定时工作制。如"供销、采购、小车司机、交通车司机、仓库装卸、消防队、部分值班岗位以及事业单位实行请事假在一定天数内照发工资的人员等。其超出标准工作时间的部分不计加班加点，也不发加班加点工资。"

劳动部《关于职工全年月平均工作时间和工资折算问题的通知》劳社部发〔2008〕3 号

月工作日：250 天÷12 月＝20.83 天/月

工作小时数的计算：以月、季、年的工作日乘以每日的 8 小时。

月计薪天数＝（365 天－104 天）÷12 月＝21.75 天

劳动部关于印发《工资支付暂行规定》的通知　劳部发〔1994〕489 号

第十三条　用人单位在劳动者完成劳动定额或规定的工作任务后，根据实际需要安排劳动者在法定标准工作时间以外工作的，应按以下标准支付工资：

（一）用人单位依法安排劳动者在日法定标准工作时间以外延长工作时间的，按照不低于劳动合同规定的劳动者本人小时工资标准的 150%支付劳动者工资；

（二）用人单位依法安排劳动者在休息日工作，而又不能安排补休的，按照不低于劳动合同规定的劳动者本人日或小时工资标准的 200%

支付劳动者工资；

（三）用人单位依法安排劳动者在法定休假节日工作的，按照不低于劳动合同规定的劳动者本人日或小时工资标准的 300%支付劳动者工资。

实行计件工资的劳动者，在完成计件定额任务后，由用人单位安排延长工作时间的，应根据上述规定的原则，分别按照不低于其本人法定工作时间计件单价的 150%、200%、300%支付其工资。

经劳动行政部门批准实行综合计算工时工作制的，其综合计算工作时间超过法定标准工作时间的部分，应视为延长工作时间，并应按本规定支付劳动者延长工作时间的工资。

实行不定时工时制度的劳动者，不执行上述规定。

劳动部关于印发《关于贯彻执行〈中华人民共和国劳动法〉若干问题的意见》的通知 劳部发〔1995〕309 号

62．实行综合计算工时工作制的企业职工，工作日正好是周休息日的，属于正常工作；工作日正好是法定节假日时，要依照劳动法第四十四条第（三）项的规定支付职工的工资报酬。

最高人民法院《关于审理劳动争议案件适用法律若干问题的解释（三）》法释〔2010〕12 号

第九条 劳动者主张加班费的，应当就加班事实的存在承担举证责任。但劳动者有证据证明用人单位掌握加班事实存在的证据，用人单位不提供的，由用人单位承担不利后果。

（二）要点简析

1.供电企业值班等岗位实行综合计算工时和不定时工作制不需要另外履行审批手续

综合计算工时工作制是指分别以周、月、季、年等为周期计算工作时间，其平均日工作时间和平均周工作时间与法定标准工作时间基本相同的一种工作制度。如前述关键法条所示，《劳动法》第三十九条规定，企业因生产特点不能实行标准工时的，经劳动行政部门批准，可以实行其他工作和休息办法。根据劳动部《贯彻〈国务院关于职工工作时间的规定〉的实施办法》第五条、《关于企业实行不定时工作制和综合计算工时工作制的审批办法》第七条，中央直属企业实行不定时工作制和综合计算工时工作制等其他工作和休息办法的，需要经国务院行业主管部门审核，报国务院劳动行政部门批准。1995 年电力工业部向劳动部上报了《关于请批准电力企业实行综合计算工时和不定时工作制的函》（电人教〔1995〕247 号），劳动部作了《关于电力企业实行综合计算工时工作制和不定时工作制的批复》（劳部发〔1995〕232 号）的批示，电力工业部又印发了《电力劳动者实行综合计算工时工作制和不定时工作制实施办法》的通知电人教〔1995〕335 号，对电力劳动者实行综合计算工时工作制和不定时工作制作了具体规定。因此，电力劳动者实行综合计算工时工作制和不定时工作制已履行了相关的审批程序，各地供电企业不需要另外再获得当地劳动部门的审批。

2. 原告工作 24 小时休息 48 小时的工作方式不构成加班

《电力劳动者实行综合计算工时工作制和不定时工作制实施办法》是 1995 年制订的，当时规定实行综合计算工时工作制和不定时工作制的电力劳动者全年月平均工作时间不超过 172 小时。该标准已被 2008 年出台的《关于职工全年月平均工作时间和工资折算问题的通知》取代为 20.83 天/月*8 小时/天=166.56 时/月所取代。一审法院认为，原告每月上 10 个班次，排除夜间 8 小时休息时间及三餐所需的 1.5 小时，因此原告每月有效的工作时间为 145 小时，未超过法定标准工作时间，因此不存在延长工作时间或加班的情形。

3. 综合计算工时工作制或不定时工作制对加班的认定与发放略有不同

（1）延长工作时间的加班费不同，根据《工资支付暂行规定》，经劳动行政部门批准实行综合计算工时工作制的，其综合计算工作时间超过法定标准工作时间的部分，应视为延长工作时间，并应按本规定支付劳动者延长工作时间的工资。实行不定时工时制度的劳动者，不执行上述规定。可见，不定时工作制其超出标准工作时间的部分不计加班加点，也不发加班加点工资。这一点在《电力劳动者实行综合计算工时工作制和不定时工作制实施办法》第九条也作了明确。

（2）法定节假日工作的加班费不同，综合计算工时制在法定节假日需付加班费。根据劳动部关于印发《关于贯彻执行〈中华人民共和国劳动法〉若干问题的意见》的通知，实行综合计算工时工作制的企业职工，工作日正好是周休息日的，属于正常工作；工作日正好是法定节假日时，要依照《劳动法》第四十四条第（三）项的规定支付职工工作报酬。即综合计算工时制在法定节假日应当按 300%的标准支付加班费。

不定时工作制法定节假日的加班费规定不一致。《上海市企业工资支付办法》第十三条规定，经批准实行不定时工时制的用人单位，在法定休假节日安排员工工作的，应按照不低于其本人日或小时工资标准的300%支付工资。《北京市工资支付规定》用人单位经批准实行不定时工作制度的，不适用法定节假日应当按 300%的标准支付加班费的规定。可见，不定时工作制法定节假日工作是否需要支付加班费的规定尚不够统一、明确。

三、管理建议

1.电力企业中个别岗位可以在劳动合同中约定综合计算工时工作制和不定时工作制

如前文所示，要实行综合计算工时工作制，必须先经劳动行政部门批准。未经劳动保障行政部门批准，用人单位与劳动者自愿约定实行综合计算工时工作制是一种无效的违法行为，不具有约束力。但是，供电企业已经过审批实行综合计算工时工作制和不定时工作制，因此，如有条件，可以在劳动合同中直接约定综合计算工时工作制和不定时工作制条款，以进一步明确双方的权利义务，更有利于纠纷的处理。

2. 对值班、驾驶等部分岗位建议明确约定综合计算工时工作制或不定时工作制

根据 1995 年劳动部对电力工业部的批复,基层供电企业变电值班执行的是综合计算工时，而小车司机、交通车司机、仓库装卸、消防队、部分值班岗位执行的是不定时工作制。根据《工资支付暂行规定》及《电力劳动者实行综合计算工时工作制和不定时工作制实施办法》,对不定时工作制的劳动者其超出标准工作时间的部分不计加班加点，也不发加班加点工资；而综合计算工作时间超过法定标准工作时间的部分，应视为延长工作时间，并应按本规定支付劳动者延长工作时间的工资。可见到具体的岗位，特别是规定不是很明确的部分值班岗位，如在劳动合同中明确执行综合计算工时工作制还是不定时工作制，对纠纷的处理则相对方便一些。

3. 用人单位应当为综合计算工时工作制岗位员工提供必要的休息条件

浙江省高级人民法院民一庭《关于审理劳动争议纠纷案件若干疑难问题的解答》第八条明确，对于全天 24 小时吃住在单位的保安、传达室门卫、仓库保管员等人员，其工作性质具有特殊性。如确因工作所需和单位要求，不能睡眠休息的，应认定为工作时间；如工作场所中同时提供了住宿或休息设施的，应合理扣除可以睡眠休息的时间，即劳动者正常上班以外的时间不应计算为工作时间，对超出标准工作时间上班的，用人单位应支付加班工资。审判实践中，可以综合考虑以下因素：用人单位是否就该岗位向劳动行政部门申请办理过综合计算工时工作制、不定时工作制的审批手续；用人单位是否在工作场所内为劳动者配备必要的休息设施……。在具体实务中，该观点应用较为普遍。因此，对于综合计算工时工作制、不定时工作制已获审批的供电企业来说，应在工作场所内为劳动者配备必要的休息设施，以合理扣除可以睡眠休息的时间。

4. 加强考勤管理，严格积休、补休管控

笔者经常听到班组的老员工在临近退休时说"我还有好几百天的积休没有休掉，怎么处理？"对抢修作业、变电运检等生产岗位，有生产任务时需要加班加点，没有生产任务时往往也要求员工在办公室学习或待岗，因此极易产生积休。对此类积休，不能单纯以清零来处理。建议各单位要定期更新、强调本单位的休假管理制度，要求基层班组根据生产、经营工作特点及时安排员工的补休、年休等，避免员工积休过多，形成新的诉讼风险点。

四、参考案例

案例 1：供电所轮流值班未被认定为持续工作状态

案号：（2016）鄂 0115 民初 2057 号、（2016）鄂 01 民终 6242 号

案情简介：原告于 2007 年 9 月入职被告供电公司下属的供电所从事所在片区用户的电量抄录、收费及电力维护、抢修工作。原告在职期间，其所在工作班组 5 人实行轮流值班。原告于 2015 年 6 月达到养老金领取条件。2016 年 5 月 24 日，原告申请劳动仲裁，因超过仲裁时效未被受理。原告诉至法院要求被告支付 2009 年至 2015 年双休日加班费 30590.98 元、

法定节假日加班费 4853.38 元。一审法院认为，原告在供电公司从事的工作属值守的劳动形式，在岗时间并非处于连续工作状态，工作时间和休息时间无法区分，有效工作时间无法统计，且工作强度较低，原告也未提供有效证据证实其在岗期间一直处于工作状态，故对于原告主张的加班费请求不予支持。一审判决驳回原告的诉讼请求，二审维持原判。

案例 2： 安排生病员工长驻变电所被判支付加班费

案号：（2015）朝民初字第 2696 号、（2016）吉 01 民终 1957 号、（2017）吉民再 256 号

案情简介： 原告为被告电力公司职工，2010 年 9 月 28 日前在输电运检工区工作。应原告多次申请，为方便原告就近治病及女儿上学，经被告研究决定，同意原告于 2010 年 9 月 28 日至 2012 年 7 月 4 日期间到某变电所工作，且与妻子一直居住在变电所。在上述期间，被告电力公司向原告开具的工资原告已经领取。2013 年 9 月 9 日，被告曾向某银行出具资信证明，载明原告个人年收入为 13.7 万元。2015 年 7 月 28 日，被告申请仲裁未被受理，诉至法院要求被告支付超出法定工作时间的各项加班费。

一审法院认为：原告提供了相关证人及图片记录了其在变电所工作的事实，被告认为某变电所从 2004 年建成开始已经具备无人值守的条件，但未提供充分的证据予以证明。原告在变电所居住的两年并未到原工作部门工作，用人单位一直为其支付工资，应当认定原告在变电所除了生活起居还为被告提供了相关工作。一审判决被告向原告支付各类加班工资共计 1111 84.56 元。二审法院改判电力公司支付各类加班工资共计 61 110.72 元。供电公司不服上诉。2017 年 12 月，再审法院认可了电力公司同意原告到变电所工作并居住，目的在于方便原告本人治病，方便其爱人照顾其上学且生病的女儿的事实，对原告关于要求支付延长工时加班费的请求未予支持。同时也认为原告在变电所工作期间，休息日和法定休假日正常工作，也没有享受到年休假待遇，所以电力公司应当向原告支付各类加班工资合计 233418.60 元。

职工疗休养占用工作时间是否充抵年休假有争议

一、案例

案号：（2015）双流民初字第 4140 号、（2016）川 01 民终 2006 号

案情简介：原告于 2012 年 8 月 23 日到被告处从事飞行驾驶工作，双方履行的是无固定期限劳动合同，原告执行综合计算工时工作制。其公休假、年休假等按国家、民航总局、当地政府有关规定执行。原告 2013 年 2 月 22 日至 2013 年 3 月 4 日期间曾请假 10 天，且参加了被告 2013 年、2014 年的空勤疗休养假。2015 年 3 月 4 日，原告向省劳动人事争议仲裁委员会申请仲裁，要求裁决：被告支付原告 2013 年和 2014 年未休年休假工资 52040 元。该委裁决被告为原告支付未休年休假工资差额 34796.34 元。原告不服此裁决，诉至法院。

一审法院认为，探亲假、年休假均为职工应享有的法定假期，而疗休、疗养假为用人单位给予职工的额外福利待遇，并非强制性假期。虽然上述三种假期目的、性质完全不同，但被告在《员工手册》中规定"凡当年参加公司组织的疗休养者，其疗休养时间冲抵当年年休假时间，不足的，可以补足（奖励性质的及专业技术人员的疗休养除外）"。该条款赋予劳动者在年休假待遇不优于疗休养假的情况下自主选择的权利。现原告选择了在 2013 年和 2014 年参加公司组织的疗养假，也未证明自己参加的疗养假待遇低于应享受的年休假待遇。故原审法院认为原告参加的疗养假冲抵了当年的年休假，被告不应再支付 2013 年和 2014 年的未休年休假工资。一审驳回原告的诉讼请求，二审维持原判。

二、法律分析

（一）国家法规

《宪法》

第四十三条　中华人民共和国劳动者有休息的权利。

国家发展劳动者休息和休养的设施，规定职工的工作时间和休假制度。

《劳动法》

第七十六条　国家发展社会福利事业，兴建公共福利设施，为劳动者休息、休养和疗养提供条件。

用人单位应当创造条件，改善集体福利，提高劳动者的福利待遇。

《中国工会章程》（2018.10.26 起施行）

第三条　会员享有以下权利：

（一）选举权、被选举权和表决权。

（二）对工会工作进行监督，提出意见和建议，要求撤换或者罢免不称职的工会工作人员。

（三）对国家和社会生活问题及本单位工作提出批评与建议，要求工会组织向有关方面如实反映。

（四）在合法权益受到侵犯时，要求工会给予保护。

（五）工会提供的文化、教育、体育、旅游、疗休养、互助保障、生活救助、法律服务、就业服务等优惠待遇；工会给予的各种奖励。

（六）在工会会议和工会媒体上，参加关于工会工作和职工关心问题的讨论。

《职工带薪年休假条例》

第一条　为了维护职工休息休假权利，调动职工工作积极性，根据劳动法和公务员法，制定本条例。

第二条　机关、团体、企业、事业单位、民办非企业单位、有雇工的个体工商户等单位的职工连续工作 1 年以上的，享受带薪年休假（以下简称年休假）。单位应当保证职工享受年休假。职工在年休假期间享受与正常工作期间相同的工资收入。

（二）地方规定

《关于加强上海市职工疗休养管理工作的若干意见》沪工总保〔2001〕179 号

三、享受疗休养待遇的对象及费用结算办法

（一）享受职工疗休养待遇的主要对象为：

1. 符合国家标准 GB5044—85 规定 39 种一级、二级和砂尘、石棉尘等粉尘作业的职工，必须每年定期脱岗休养一次或组织体检一次（脱岗疗养可安排在工会系统疗休养院所，时间为 1-2 周，疗休养院所可通过床位费补贴或减免部分床位费帮助企业落实尘毒作业职工脱岗休养）；

2. 在同一企事业单位工作满五年以上，且从未享受过疗休养的在职职工。有条件的单位也可适当安排身体较好的离退休职工休养；

3. 对企业发展作出较大贡献的劳动模范、先进生产者、技术业务骨干、高级知识分子等。

以上对象休养所占用的工作日，不抵充国务院规定的职工年休假假期。

《关于印发〈关于加强职工疗休养管理工作的意见〉的通知》鲁会〔2017〕31号

二、对象范围

（四）普惠服务，突出一线。职工疗休养作为普惠服务项目，面向全体职工，优先安排从事苦、脏、累、险、有毒有害工种的职工和技术骨干，尤其是因从事上述工作患职业病和慢性病的职工。职工疗休养所占用的工作时间，不得抵充国务院规定的职工年休假假期。

《关于加强衢州市直机关企事业单位职工疗休养管理工作的实施办法》衢总工字〔2015〕38号

二、职工疗休养的时间地点和费用

每期疗休养时间根据本单位工作生产实际情况统筹合理安排，一般不超过5天（含在途时间）。职工疗休养时间不计入法定年休假假期。

每批职工疗休养只能选择一个疗休养场所，原则上在省内。各单位工会组织职工疗休养，应当充分利用工人疗休养院、各单位内部培训中心、招待所等场所。

职工疗休养费用包括交通费、住宿费、伙食费等。党政机关和国有企事业单位疗休养费用按不高于400元/人·天的限额标准，凭据在单位提取的福利费中列支，不得在单位其他经费中列支；其他企业单位职工疗休养费用标准由企业职代会讨论决定，在职工福利费中列支。各单位财务人员要严格按照规章制度把关，对违反规定的费用，一律不予报销。

（三）法律分析

1. 职工疗休养和年休假的区别

年休假是国务院规定的强制性假期，是职工应享有的法定假期。《职工带薪年休假条例》规定，职工连续工作1年以上的，享受带薪年休假，用人单位应当保证职工享受年休假。年休假在 1 个年度内可以集中安排，也可以分段安排，特殊情况可以跨 1 个年度安排。单位确因工作需要不能安排职工年休假的，经职工本人同意，可以不安排职工休年休假，但对职工应休未休的年休假天数，应当按照该职工工资收入的 300%支付年休假工资报酬。

职工疗休养是用人单位给予职工的额外福利待遇，兼具保障和激励双重特征，并非强制性假期。职工疗休养由各级工会组织管理，具体的疗休养对象、内容、费用、参加疗休养的人员范围和条件等均由企业职工大会（或职工代表大会）讨论决定。职工疗休养是一项集体活动，如用人单位安排职工参加疗休养，职工本人不愿意参加，则视为主动放弃，单位可不再另外安排或做其他补偿。

2. 各地方工会对"职工疗休养所占用的工作时间是否抵充年休假"的规定有差异

山东省总工会规定，职工疗休养所占用的工作时间，不得抵充国务院规定的职工年休假假期。上海市总工会规定，部分疗休养对象休养所占用的工作日，不抵充国务院规定的职工年休假假期。浙江省总工会未做明确规定，但其下属的衢州市总工会明确规定，职工疗休养时间不计入法定年休假假期。

如果当地工会对疗休养所占用的工作时间是否抵充年休假未做明确规定，则应当由用人单位的职工大会（或职工代表大会）讨论决定。本专题中，被告在《员工手册》中规定"凡当年参加公司组织的疗休养者，其疗休养时间冲抵当年年休假时间"，《员工手册》已经过用人单位的职工大会（或职工代表大会）审议，原告应遵守公司的规章制度，主动参加疗养假，说明已默认冲抵当年的年休假的规定。

三、管理建议

1. 加强和规范职工疗休养管理

职工疗休养是国家法律赋予劳动者的基本权利，是劳动者休养生息的福利事业，是社会保障体系的重要组成部分。用人单位要严格遵守当地工会的要求，关心爱护职工群众特别是一线职工的身心健康，有针对性地组织职工疗休养活动，优先安排先进、绩效优秀职工等突出贡献人员、从事有毒有害等特殊工种和苦脏累险工作的一线职工，以此来恢复与增进职工的身体健康，降低职工的疾病率，激发职工的劳动热情，调动职工的工作积极性。

2. 要制定企业规章制度予以明确

当地工会未明确规定职工疗休养所占用的工作时间抵充年休假的，用人单位结合单位实际情况，将参加疗休养的对象范围、内容、地点、期限、标准、经费提取和使用、是否抵充年休假等开展集体协商，经企业行政与工会达成一致意见后形成方案，经由职工大会（职工代表大会）审议，表决后实施。

3. 要合理安排职工疗休养

职工疗休养是促进职工身心健康的一项劳动保护措施，用人单位应根据本单位工作生产实际情况统筹合理安排职工疗休养，以提供疗养、休养、医疗、保健、体检、理疗等休养生息服务为主要内容，综合开展健康体检、保健理疗、心理健康等服务。为方便管理，避免风险，每批员工疗休养建议尽量选择一个疗休养场所，同时充分利用工人疗养院、各单位内部培训中心、招待所等场所，开展身心疗养、参观学习、职工交流、乡村体验等活动。

四、参考案例

无。

解 除 合 同 篇

辞退因信访旷工的员工考勤由单位负责举证

一、案情简介

案号：（2013）酉法民初字第 01651 号（2014）渝四中法民终字第 00254 号

案情简介：被告从 2012 年 12 月开始实行指纹考勤，原告所在的部门因人员结构复杂，采取指纹签到制度。原告系被告供电公司员工。因旧城改造拆迁补偿事宜，原告于 2013 年 1 月 4 日至 23 日前往北京到相关部门反映情况及投诉，期间未到单位签到。被告于 2013 年 2 月 1 日召开职工代表大会，决定自 2013 年 3 月 1 日起，解除与原告的劳动合同，双方劳动关系即行终止。原告不服诉至法院。一审法院认为，指纹考勤记录可以作为原告旷工的依据，原告未能提交证据证明旷工期间，已经履行请假手续，被告作出解除劳动合同的决定合法，判决驳回原告的诉讼请求。二审维持原判。

二、法律分析

（一）关键法条

《劳动合同法》

第三十九条　劳动者有下列情形之一的,用人单位可以解除劳动合同：

（一）在试用期间被证明不符合录用条件的；

（二）严重违反用人单位的规章制度的；

（三）严重失职，营私舞弊，给用人单位造成重大损害的；

（四）劳动者同时与其他用人单位建立劳动关系，对完成本单位的工作任务造成严重影响，或者经用人单位提出，拒不改正的；

（五）因本法第二十六条第一款第一项规定的情形致使劳动合同无效的；

（六）被依法追究刑事责任的。

第四十三条　用人单位单方解除劳动合同，应当事先将理由通知工会。用人单位违反法律、行政法规规定或者劳动合同约定的，工会有权要求用人单位纠正。用人单位应当研究工会的意见，并将处理结果书面通知工会。

《劳动合同法实施条例》

第十九条　有下列情形之一的，依照劳动合同法规定的条件、程序，用人单位可以与劳动者解除固定期限劳动合同、无固定期限劳动合同或者以完成一定工作任务为期限的劳动合同：

（三）劳动者严重违反用人单位的规章制度的；

最高人民法院《关于审理劳动争议案件适用法律若干问题的解释（2008调整）》法释〔2001〕14号

第十九条　用人单位根据《劳动法》第四条之规定，通过民主程序制定的规章制度，不违反国家法律、行政法规及政策规定，并已向劳动者公示的，可以作为人民法院审理劳动争议案件的依据。

最高人民法院《关于审理劳动争议案件适用法律若干问题的解释（二）》法释〔2006〕6号

第一条　人民法院审理劳动争议案件，对下列情形，视为劳动法第八十二条规定的"劳动争议发生之日"：

（一）在劳动关系存续期间产生的支付工资争议，用人单位能够证明已经书面通知劳动者拒付工资的，书面通知送达之日为劳动争议发生之日。用人单位不能证明的，劳动者主张权利之日为劳动争议发生之日。

（二）因解除或者终止劳动关系产生的争议，用人单位不能证明劳动者收到解除或者终止劳动关系书面通知时间的，劳动者主张权利之日为劳动争议发生之日。

（三）劳动关系解除或者终止后产生的支付工资、经济补偿金、福利待遇等争议，劳动者能够证明用人单位承诺支付的时间为解除或者终止劳动关系后的具体日期的，用人单位承诺支付之日为劳动争议发生之日。劳动者不能证明的，解除或者终止劳动关系之日为劳动争议发生之日。

最高人民法院《关于民事诉讼证据的若干规定》（2008调整）法释〔2001〕33号

第六条　在劳动争议纠纷案件中，因用人单位作出开除、除名、辞退、解除劳动合同、减少劳动报酬、计算劳动者工作年限等决定而发生劳动争议的，由用人单位负举证责任。

劳动部关于印发《工资支付暂行规定》的通知 劳部发〔1994〕489号

第六条 用人单位应将工资支付给劳动者本人。劳动者本人因故不能领取工资时，可由其亲属或委托他人代领。

用人单位可委托银行代发工资。

用人单位必须书面记录支付劳动者工资的数额、时间、领取者的姓名以及签字，并保存两年以上备查。用人单位在支付工资时应向劳动者提供一份其个人的工资清单。

（二）要点简析

1. 辞退员工应符合法定程序

辞退员工务必慎之又慎，重点应做到以下三点：

一是规章制度合法并公示。根据最高人民法院《关于审理劳动争议案件适用法律若干问题的解释（2008 调整）》第十九条，用人单位通过民主程序制定的规章制度，不违反国家法律、行政法规及政策规定，并已向劳动者公示的，可以作为人民法院审理劳动争议案件的依据。

二是辞退应通知工会。根据《劳动合同法》第四十三条规定，用人单位单方解除劳动合同，应事先将理由通知工会。用人单位违反法律、行政法规或者劳动合同约定的，工会有权要求用人单位纠正。用人单位应当研究工会的意见，并将处理结果书面通知工会。所以，用人单位作出解除劳动合同的决定后应通知工会。

三是辞退通知应有效送达。前文案例未发生送达方面的争议。法院认为，供电企业在作出处理决定之前，已本着教育、挽救的原则，通过多种方式，催促其返回单位上班。但原告没有正确处理好上访、申诉与工作之间的关系，没有合法、正当地行使法律依法赋予其申诉、信访的权利，用人单位已尽到相应情理义务，所作解除决定适当。

2. 用人单位应负责举证员工违反规章制度

根据最高人民法院《关于民事诉讼证据的若干规定》第六条规定，在劳动争议纠纷案件中，因用人单位作出开除、除名、辞退、解除劳动合同、减少劳动报酬、计算劳动者工作年限等决定而发生劳动争议的，由用人单位负举证责任。前文案例中，用人单位不仅专门召开会议向员工宣读了《员工考勤管理办法》，传达了考勤方式、考勤时间、安装地点及考勤人员范围、注意事项，要求公司职工严格遵守该考勤办法，而且实行了指纹考勤制度。因此可以有效地证明原告的旷工行为。对部分考勤管理不是很严格的单位，如果要以旷工为理由辞退员工，则证明的难度相对较大。

三、管理建议

1. 完善考勤制度，严格请假手续

劳动纪律体现一个单位的精神面貌，也是本单位取得优秀业绩的基础。同时，考勤也是发放员工劳动报酬、加班工资、值班津贴的重要依据。供电企业各部门、班组的考勤一般由专人负责，考勤制度也相对完善。但在个别单位和部门，特别是运维检修班组、偏远供电所，也可能存在"用人单位紧一紧则好转，用人单位松一松则劳动纪律松懈"的现象。建议有条件的单位，参考前文案例，完善单位的考勤制度，严格请假手续。

2. 按照法律要求保留相关凭证

如前所述，因用人单位作出开除、除名、辞退、解除劳动合同、减少劳动报酬、计算劳动者工作年限等决定而发生劳动争议的，由用人单位负举证责任。因此，用人单位人力资源部门应有较强的证据意识，保留好相关单据。根据《工资支付暂行规定》第六条第二款，用人单位必须书面记录支付劳动者工资的数额、时间、领取者的姓名以及签字，并保存两年以上备查。

四、参考案例

无。

辞退员工的通知仅张贴未签收视为未送达

一、案情简介

案号：（2017）皖 1221 民初 6473 号

案情简介：2006 年 12 月 26 日，原告与某电力公司签订劳动合同。2012 年 5 月 21 日，某电力公司以原告私自给客户安装电能表、收取客户电能表初装费、电费、严重违反公司管理规定为由，对原告作出留用察看一年的处分。原告对此并非提出异议，也未申请仲裁。2013 年 2 月 20 日，该公司通过工会委员会会议、职代会联席会议等程序，以原告多次严重违反公司相关规定，在留用察看期间再次违反公司规定，存在估抄、违规收取费用、不能按照公司考勤管理相关规定，连续旷工 15 天以上等问题，作出解除原告劳动合同关系的决定。该公司将该决定在公告栏张贴。此后，被告某电力公司停发了原告的工资并不再安排原告工作。但直至 2017 年 2 月 7 日原告才签收解除劳动合同决定书。2017 年 9 月 18 日，原告申请劳动仲裁，未被受理。原告遂于 2017 年 9 月 28 日诉至法院，请求确认解除劳动合同关系的决定无效，继续履行劳动合同，为原告补缴从 2013 年 3 月至 2017 年 8 月期间的社保，支付原告违法解除劳动合同的经济赔偿金 100000 元、拖欠从 2013 年 3 月至 2017 年 8 月期间的工资 132500 元，支付原告在工作中垫付的电费 209123 元。

一审法院认为：原告要求被告支付在工作中垫付的电费等 209123 元的请求，不属于劳动争议审理范围，本案不予处理，原告可另案主张。被告某公司解除与原告的劳动合同，程序符合法律规定。但被告作出解除劳动合同决定书中未明确解除劳动合同的时间，且采取张贴的方式，送达程序不合法。解除劳动合同的时间，应认定为 2017 年 2 月 7 日。判决被告某电力公司按最低工资标准向原告支付自 2013 年 3 月至 2017 年 2 月 7 日期间的工资 39901 元；补缴 2013 年 3 月至 2017 年 1 月期间的基本养老保险等社会保险，驳回原告其他诉讼请求。

二、法律分析

（一）关键法条

《劳动合同法》

第四十七条　经济补偿按劳动者在本单位工作的年限，每满一年支付一个月工资的标准向劳动者支付。六个月以上不满一年的，按一年计算；不满六个月的，向劳动者支付半个月工资的经济补偿。

劳动者月工资高于用人单位所在直辖市、设区的市级人民政府公布的本地区上年度职工月平均工资三倍的，向其支付经济补偿的标准按职工月平均工资三倍的数额支付，向其支付经济补偿的年限最高不超过十二年。

本条所称月工资是指劳动者在劳动合同解除或者终止前十二个月的平均工资。

第四十八条　用人单位违反本法规定解除或者终止劳动合同，劳动者要求继续履行劳动合同的，用人单位应当继续履行；劳动者不要求继续履行劳动合同或者劳动合同已经不能继续履行的，用人单位应当依照本法第八十七条规定支付赔偿金。

第八十七条　用人单位违反本办法规定解除或者终止劳动合同的，应当依照本法第四十七条规定的经济补偿标准的二倍向劳动者支付赔偿金。

最高人民法院《关于审理劳动争议案件适用法律若干问题的解释（二）》法释〔2006〕6号

第一条　人民法院审理劳动争议案件，对下列情形，视为劳动法第八十二条规定的"劳动争议发生之日"：

（一）在劳动关系存续期间产生的支付工资争议，用人单位能够证明已经书面通知劳动者拒付工资的，书面通知送达之日为劳动争议发生之日。用人单位不能证明的，劳动者主张权利之日为劳动争议发生之日。

（二）因解除或者终止劳动关系产生的争议，用人单位不能证明劳动者收到解除或者终止劳动关系书面通知时间的，劳动者主张权利之日为劳动争议发生之日。

（三）劳动关系解除或者终止后产生的支付工资、经济补偿金、福利待遇等争议，劳动者能够证明用人单位承诺支付的时间为解除或者终止劳动关系后的具体日期的，用人单位承诺支付之日为劳动争议发生之日。

劳动者不能证明的，解除或者终止劳动关系之日为劳动争议发生之日。

最高人民法院《关于民事诉讼证据的若干规定》（2008 调整）法释〔2001〕33 号

第六条　在劳动争议纠纷案件中，因用人单位作出开除、除名、辞退、解除劳动合同、减少劳动报酬、计算劳动者工作年限等决定而发生劳动争议的，由用人单位负举证责任。

劳动部办公厅《关于通过新闻媒介通知职工回单位并对逾期不归者按自动离职或旷工处理问题的复函》劳办发〔1995〕179 号（人力资源社会保障部《关于第五批宣布失效和废止文件的通知》（人社部发〔2017〕87 号）宣布其失效）

按照《企业职工奖惩条例》（国发〔1982〕59 号）第十八条规定精神，企业对有旷工行为的职工做除名处理，必须符合规定的条件并履行相应的程序。因此，企业通知请假、放长假、长期病休职工在规定时间内回单位报到或办理有关手续，应遵循对职工负责的原则，以书面形式直接送达职工本人；本人不在的，交其同住成年亲属签收。直接送达有困难的可以邮寄送达，以挂号查询回执上注明的收件日期为送达日期。只有在受送达职工下落不明，或者用上述送达方式无法送达的情况下，方可公告送达，即张贴公告或通过新闻媒介通知。自发出公告之日起，经过三十日，即视为送达。在此基础上，企业方可对旷工和违反规定的职工按上述法规做除名处理。能用直接送达或邮寄送达而未用，直接采用公告方式送达，视为无效。

企业因故通知停薪留职期限未满的职工在规定时间内回单位报到或办理有关手续，也应按照上述规定的方式通知本人，在此基础上，企业方可按照有关规定及停薪留职协议对其做除名或自动离职处理。企业对停薪留职期满后逾期不归的职工，可按照劳动人事部、国家经济委员会《关于企业职工要求"停薪留职"问题的通知》（劳人计〔1983〕61 号）第六条和劳动部《关于自动离职与职工除名如何界定的复函》（劳办发〔1994〕48 号）的规定做自动离职处理。

（二）要点简析

1. 辞退员工的通知仅张贴公告视为未送达

根据最高人民法院《关于审理劳动争议案件适用法律若干问题的解

释（二）》第一条规定，因解除或终止劳动关系产生的争议，用人单位不能证明劳动者收到解除或者终止劳动关系书面通知时间的，劳动者主张权利之日为劳动争议发生之日。因此，用人单位在作出解除劳动合同的决定以后，还要将该决定有效地送达劳动者。

前文案例中，用人单位于 2013 年 2 月 20 日即通过工会委员会会议、职代会联席会议等合法程序，对原告作出了解除劳动合同的决定。但法院却最终认可解除劳动合同的时间为 2017 年 2 月 7 日，并据此判决用人单位按最低工资标准支付四年的工资，同时还应补缴相应期间的社会保险。究其原因，是用人单位解除劳动合同的决定，仅在公告栏张贴，未通过直接送达和邮寄送达等穷尽送达方式，无法证明该决定通知已有效地送达给原告，送达程序不合法。教训不可谓不深。

2. 辞退员工的通知未送达应承担相应的责任

辞退通知未送达，等同于未辞退，用人单位即应承担相应的责任。一是支付未送达前的工资。如前文案例，原告在 2013 年 3 月至 2017 年 2 月期间虽未实际在岗，但法院为保障劳动者的基本生活和生存，平衡用人单位与劳动者之间的权利义务，判决被告按照本地最低工资标准支付原告在此期间的工资。文后的案例，也如是处理。二是补足相应期间的社会保险。根据《劳动法》第七十二条的规定，用人单位和劳动者必须依法参加社会保险，缴纳社会保险费。前文案例中，法院认为解除劳动合同的通知送达前，原被告之间仍然存在劳动关系，被告应当依照《社会保险法》的规定为原告补缴基本养老保险等社会保险。三是不应支付经济赔偿金。前文案例中，原告主张根据《劳动合同法》第八十七条，由用人单位支付违反规定解除或者终止劳动合同的两倍经济赔偿金。法院认为被告解除与原告的劳动合同，程序符合法律规定，因此不支持原告的经济赔偿金请求。

三、管理建议

1. 用人单位应穷尽送达方式

劳动部办公厅《关于通过新闻媒介通知职工回单位并对逾期不归者按自动离职或旷工处理问题的复函》虽已失效，但从其内容可见，用人单位通知请假、放长假、长期病休职工在规定时间内回单位报到或办理有关手续，应穷尽送达方式。具体到辞退、除名的通知，应先采取直接送达的方式当面送交本人，若本人拒绝签收或直接送达有困难，则应将当面送达的情况作出书面说明，再采取邮寄送达方式寄送通知书。若邮件被退回未能送达，则应将退回的信件完整保存，最后再采取公告的方式予以送达，即张贴公告或通过新闻媒介公告。

2. 用人单位应保留送达回执等相关凭证

根据最高人民法院《关于民事诉讼证据的若干规定》第六条，在劳动争议纠纷案件中，因用人单位作出开除、除名、辞退、解除劳动合同、减少劳动报酬、计算劳动者工作年限等决定而发生劳动争议的，用人单位负举证责任。因此，建议用人单位送达相关通知后，保留送达回执，留档备查。劳动者在送达回执上签收的日期视为送达日期，通知生效，劳动合同即可解除。非本人签收的，则应按照上一条的做法，留下本人拒收的说明、邮寄送达拒收的凭证、公告的相关照片、媒体截图等证据并留档备查。

四、参考案例

案例：用人单位应提供员工拒签《不再续签劳动合同通知书》的证据

案号：（2017）京 0114 民初 7512 号

案情简介：原告与被告自 2012 年 2 月 5 日起 3 次签署（续签）了劳动合同，合同期限至 2017 年 2 月 3 日。2017 年 1 月 13 日，被告制作了不再续签劳动合同通知书，内容为"……公司与您之间于 2012 年 2 月 5 日所签署的劳动合同于 2017 年 2 月 3 日到期。由于您个人原因，接项目部多次通知仍未到公司签署劳动合同，我们在此很遗憾地通知您，公司决定不再与您续签劳动合同，即劳动合同到期终止。"2017 年 2 月 23 日，原告申请劳动仲裁，请求被告支付 2017 年 2 月 1 日至 2 月 20 日期间的工资 2433.33 元、不再续签劳动合同的终止劳动合同经济补偿金 16750 元。2017 年 4 月 6 日，仲裁裁决被告支付原告 2017 年 2 月 1 日至 2 月 3 日期间的工资 335 元，驳回原告的其他申请请求。原告不服该裁决，诉至法院。法院认为：被告称已多次通知原告到公司续签合同但原告拒绝，但未提交任何证据；不再续签劳动合同通知书送达原告的时间为 2017 年 1 月 13 日，但并未提交送达的相关证据。一审判决被告支付原告 2017 年 2 月 1 日至 2 月 20 日工资 2233.33 元，支付原告经济补偿金 16750 元。

女职工退休年龄不以身份以岗位确定

一、案情简介

案号：（2015）彭法行初字第 00074 号、（2016）渝 04 行终 38 号

案情简介：原告于 1980 年被招收进入县电力公司，先后在电气技术员、电气助理工程师等岗位工作，2008 年至 2013 年 3 月任供电公司农网办工程资料档案管理专责。2013 年 2 月 28 日，供电公司以原告将于 2013 年 3 月 27 日达到国家法定退休年龄 50 周岁为由通知原告，要求其办理相关交接手续。原告收到后认为自己应执行 55 岁退休政策，向县人社局、县信访办等单位提交申请及信访材料，并与供电公司多次协商，2013 年 3 月 25 日供电公司作出《关于农网办某某（原告）同志退休问题的处理意见》，主要内容为公司 2013 年至 2016 年三年内对女职工退休年龄规定执行现状，如有改变，原告将返回公司重新工作。2013 年 6 月 19 日供电公司认为原告属女工人身份，达到 50 岁退休年龄，向县人社局申报办理原告退休审批手续，该申报表载明申报单位为供电公司，参保人员为原告，申报人意见栏无申请人签名。

供电公司同时向县人社局提交了公司关于原告退休的通知文件，原告的工作岗位说明，关于女职工退休执行情况的报告。县人社局收到相关材料后于 2013 年 8 月 21 日作出准予原告正常退休的决定，退休时间为 2013 年 4 月。2014 年 12 月原告要求供电公司履行承诺，安排其回公司上班，供电公司拒绝，原告提起民事诉讼，在诉讼过程中供电公司称县人社局已对原告审批退休，原告遂于 2015 年 5 月提起行政诉讼，要求撤销县人社局作出的退休审批决定。一审法院认为，技术岗位等同于干部岗位，故原告退休应按干部的退休年龄和条件执行。县人社局按工人的退休年龄对原告作出退休审批决定，认定事实和适用法律错误，其所作退休审批决定不合法。判决撤销县人社局于 2013 年 8 月 21 日对原告作出的退休审批决定。二审维持原判。

二、法律分析

（一）关键法条

《劳动争议调解仲裁法》

第二十七条 劳动争议申请仲裁的时效期间为一年。仲裁时效期间从当事人知道或者应当知道其权利被侵害之日起计算。

前款规定的仲裁时效，因当事人一方向对方当事人主张权利，或者向有关部门请求权利救济，或者对方当事人同意履行义务而中断。从中断时起，仲裁时效期间重新计算。

因不可抗力或者有其他正当理由，当事人不能在本条第一款规定的仲裁时效期间申请仲裁的，仲裁时效中止。从中止时效的原因消除之日起，仲裁时效期间继续计算。

劳动关系存续期间因拖欠劳动报酬发生争议的，劳动者申请仲裁不受本条第一款规定的仲裁时效期间的限制；但是，劳动关系终止的，应当自劳动关系终止之日起一年内提出。

劳动部《关于贯彻执行〈中华人民共和国劳动法〉若干问题的意见》劳部发〔1995〕309 号

46.关于在企业内录干、聘干问题，劳动法规定用人单位内的全体职工统称为劳动者，在同一用人单位内，各种不同的身分界限随之打破。应该按照劳动法的规定，通过签订劳动合同来明确劳动者的工作内容、岗位等。用人单位根据工作需要，调整劳动者的工作岗位时，可以与劳动者协商一致，变更劳动合同的相关内容。

75.用人单位全部职工实行劳动合同制度后，职工在用人单位内由转制前的原工人岗位转为原干部（技术）岗位或由原干部（技术）岗位转为原工人岗位，其退休年龄和条件，按现岗位国家规定执行。

国务院《关于安置老弱病残干部的暂行办法》

第四条 党政机关、群众团体、企业、事业单位的干部，符合下列条件之一的，都可以退休。

（一）男年满六十周岁，女年满五十五周岁，参加革命工作年限满十年的；

（二）男年满五十周岁，女年满四十五周岁，参加革命工作年限满十年，经过医院证明完全丧失工作能力的；

（三）因工致残，经过医院证明完全丧失工作能力的。

国务院《关于工人退休、退职的暂行办法》国发〔1978〕104 号

第一条　全民所有制企业、事业单位和党政机关、群众团体的工人，符合下列条件之一的，应该退休。

（一）男年满六十周岁，女年满五十周岁，连续工龄满十年的。

（二）从事井下、高空、高温、特别繁重体力劳动或者其他有害身体健康的工作，男年满五十五周岁、女年满四十五周岁，连续工龄满十年的。

本项规定也适用于工作条件与工人相同的基层干部。

（三）男年满五十周岁，女年满四十五周岁，连续工龄满十年，由医院证明，并经劳动鉴定委员会确认，完全丧失劳动能力的。

（四）因工致残，由医院证明，并经劳动鉴定委员会确认，完全丧失劳动能力的。

《全民所有制企业聘用制干部管理暂行规定》1991.10.12 由中央组织部，人事部颁布（人力资源社会保障部关于第二批宣布失效和废止文件的通知（人社部发〔2016〕34 号）宣布其失效）

第二条　本规定所称聘用制干部是指从全民所有制企业（以下简称企业）的工人（包括合同制工人）中聘用到干部岗位上任职工作的人员。

第二十三条　聘用制干部受聘十年（本规定颁布之前已被聘用的，可连续计算）并在聘用岗位上退休、退职的，原则上可执行国发（1978）104 号文件规定，按《国务院关于安置老弱病残干部的暂行办法》办理退休、退职手续；根据本人自愿，也可以按《国务院关于工人退休、退职的暂行办法》办理退休、退职手续。

最高人民法院《关于执行〈中华人民共和国行政诉讼法〉若干问题的解释》法释〔2000〕8 号（最高人民法院关于适用《中华人民共和国行政诉讼法》的解释宣布其失效）

第四十一条　行政机关作出具体行政行为时，未告知公民、法人或者其他组织诉权或者起诉期限的，起诉期限从公民、法人或者其他组织知道或者应当知道诉权或者起诉期限之日起计算，但从知道或者应当知道具体行政行为内容之日起最长不得超过 2 年。

复议决定未告知公民、法人或者其他组织诉权或者法定起诉期限的，适用前款规定。

最高人民法院《关于适用〈中华人民共和国行政诉讼法〉的解释》法释〔2018〕1 号

第六十四条　行政机关作出行政行为时，未告知公民、法人或者其他组织起诉期限的，起诉期限从公民、法人或者其他组织知道或者应当知道起诉期限之日起计算，但从知道或者应当知道行政行为内容之日起最长不得超过一年。

复议决定未告知公民、法人或者其他组织起诉期限的，适用前款规定。

（二）要点简析

1. 原身份为工人但有职称的女职工退休年龄应参照干部岗位执行 55 周岁

在本案之前，原工人身份但已在管理、技术岗位工作的女职工的退休年龄，一直存在较大争议。根据 1978 年颁布至今仍有效的《国务院关于安置老弱病残干部的暂行办法》和《国务院关于工人退休、退职的暂行办法》，女干部的正常退休年龄为 55 周岁，女工人的退休年龄为 50 周岁。但随着我国劳动制度改革的深入发展，企业全面实行劳动合同制后，取消了干部、工人的身份界定。根据《关于贯彻执行〈中华人民共和国劳动法〉若干问题的意见》第 46 条，在同一用人单位内，各种不同的身分界限随之打破。

前文案例中，原告应该是 50 周岁退休还是 55 周岁退休，主要取决于其岗位是管理还是工人。前文案例中，法院认为，原告从事的岗位是否属管理岗位，应结合其所在单位的内部规定进行认定。原告的岗位是工程资料管理，岗位类别是专业技术。根据《关于贯彻执行〈中华人民共和国劳动法〉若干问题的意见》第 75 条的规定，用人单位全部职工实行劳动合同制度后，职工在用人单位内由转制前的原工人岗位转为原干部（技术）岗位或由原干部（技术）岗位转为原工人岗位，其退休年龄和条件，按现岗位国家规定执行。企业岗位的确定只有工人岗位和干部（技术）岗位，该条已明确技术与干部是并列关系，技术岗位等同于干部岗位即管理岗位，因此原告的退休应按管理岗位条件执行 55 周岁退休，法院判决撤销县人社局的退休审批决定。在实务中的认定还可参考文后最高人民法院的判例。

2. 退休审批表未送达不是劳动争议，诉讼时效为一年

根据《劳动争议调解仲裁法》第二十七条，劳动争议申请仲裁的时效期间为一年。前文案例中，县人社局于 2013 年 8 月 21 日审批原告退休，原告于 2015 年 5 月才提起诉讼，已超过 1 年。但因为人社局没有证据证明退休审批表、退休证和计算表已按照规定送达原告，存在行政机关作出具体行政行为时未告知公民、法人或者其他组织的情形，诉讼时效按照当时适用的最高人民法院《关于执行〈中华人民共和国行政诉讼法〉若干问题的解释》（现已失效）第四十一条，为两年，因此原告起诉未超过诉讼时效。根据现行有效的最高人民法院《关于适用〈中华人民共和国行政诉讼法〉的解释》第六十四条规定，行政机关作出行政行为时，未告知公民、法人或者其他组织起诉期限的，起诉期限从公民、法人或者其他组织知道或者应当知道起诉期限之日起计算，但从知道或者应当知道行政行为内容之日起最长不得超过一年。

三、管理建议

1. 规范单位员工职称评定、聘任工作

《劳动法》实施后，企业内部岗位序列及具体岗位名称、职级、待遇等如何设置系企业用工自主权的运用，将岗位人员归类或对应为管理或工人应由用人单位自行决定。单位职称评定、聘任涉及到每个职工的切身利益。供电企业应严格按上级有关规定，根据核准的岗位设置方案，科学制定实施方案，依照按需设岗、竞聘上岗、按岗聘用的原则完成人员定岗、定级、聘用等工作，避免工作不规范引发纠纷。

2. 退休审批表等文件应由本人签名方为送达

前文案例中，县人社局认为原告起诉超过起诉期限的，则应承担举证责任。县人社局提交的退休文书送达通知书（留存联）载明退休人员签字栏是余某的签名，余某系供电公司的经办人员，县人社局声称退休审批决定是委托供电公司向原告送达，但并无证据证明供电公司已将退休审批表送达给原告，则未送达的后果应由县人社局承担。

四、参考案例

案号：（2016）晋 01 行初 94 号、（2017）晋行终 185 号、（2017）最高法行申 7070 号

案情简介：原告王某于 1966 年 4 月 4 日出生，女性，1989 年 8 月从电力学校毕业分配至供电公司，先后在校表工、自动化工、计量资产岗位工作。王某与单位签订合同期限为无固定期。2016 年 3 月 25 日，省人社厅依据劳动部《关于贯彻执行〈中华人民共和国劳动法〉若干问题的意见》，审核王某从 2016 年 3 月起办理退休手续。王某认为其从电力学校毕业分配至供电公司工作，是干部身份，应按 55 周岁退休。人社厅认为，实行全员劳动合同制前，按"身份"办理退休；实行全员劳动合同制后，尤其是《劳动法》颁布后，按"退休时所在岗位"办理退休。王某不服诉至法院，未获一审、二审支持。王某不服，向最高人民法院申请再审。

最高人民法院认为：实行全员劳动合同制后，工作岗位分为工人岗位和管理岗位。女职工退休年龄不以身份确定，应按岗位确定。王某自 1989 年 8 月参加工作以来，一直从事生产技能岗位相关工作，系工人岗位，应当按退休时所在岗位办理退休。因此，按照工人的退休标准进行审核、批准退休并无不当。驳回王某的再审申请。

醉驾被追究刑责单位可解除劳动合同

一、案例

案号：（2016）苏 0117 民初 839 号、（2016）苏 01 民终 5063 号

案情简介：从 2006 年 4 月 1 日起，原告何某入职被告某保安公司后被安排在某派出所从事保安工作，双方最后一份劳动合同期限从 2013 年 1 月 1 日至 2017 年 12 月 31 日。2013 年 8 月 5 日，何某因犯危险驾驶罪被法院判处拘役一个月，罚金人民币 1000 元，拘役时间为 2013 年 7 月 30 日至 2013 年 8 月 29 日，何某未将被判处刑罚的事实告知保安公司。2015 年 12 月，市公安局在警务辅助人员信息化比对时发现何某受过刑事处罚，并将该情况通知当地公安分局。2015 年 12 月 24 日，保安公司在通知本单位工会后解除了与何某之间的劳动合同，并向何某出具了解除劳动合同的证明。

一审法院认为根据《劳动合同法》第三条第一款规定以及第三十九条规定，何某因危险驾驶被判处刑罚后向保安公司隐瞒，违反诚实信用原则，用人单位在获知实情后依法解除劳动关系符合法律规定。

二审法院认为何某因犯危险驾驶罪，此时用人单位享有对劳动合同的法定解除权。何某无法证明保安公司明知其酒驾一事仍与其签订劳动合同，用人单位解除劳动合同符合法律规定，遂驳回上诉，维持原判。

二、法律分析

（一）关键法条

《刑法》

第一百三十三条　违反交通运输管理法规，因而发生重大事故，致人重伤、死亡或者使公私财产遭受重大损失的，处三年以下有期徒刑或者拘役；交通运输肇事后逃逸或者有其他特别恶劣情节的，处三年以上七年以下有期徒刑；因逃逸致人死亡的，处七年以上有期徒刑。

第一百三十三条之一　在道路上驾驶机动车，有下列情形之一的，处拘役，并处罚金：

（一）追逐竞驶，情节恶劣的；

（二）醉酒驾驶机动车的；

（三）从事校车业务或者旅客运输，严重超过额定乘员载客，或者严重超过规定时速行驶的；

（四）违反危险化学品安全管理规定运输危险化学品，危及公共安全的。

机动车所有人、管理人对前款第三项、第四项行为负有直接责任的，依照前款的规定处罚。

有前两款行为，同时构成其他犯罪的，依照处罚较重的规定定罪处罚。

《劳动合同法》

第三条　订立劳动合同，应当遵循合法、公平、平等自愿、协商一致、诚实信用的原则。

依法订立的劳动合同具有约束力，用人单位与劳动者应当履行劳动合同约定的义务。

第四条　用人单位应当依法建立和完善劳动规章制度，保障劳动者享有劳动权利、履行劳动义务。

用人单位在制定、修改或者决定有关劳动报酬、工作时间、休息休假、劳动安全卫生、保险福利、职工培训、劳动纪律以及劳动定额管理等直接涉及劳动者切身利益的规章制度或者重大事项时，应当经职工代表大会或者全体职工讨论，提出方案和意见，与工会或者职工代表平等协商确定。

在规章制度和重大事项决定实施过程中，工会或者职工认为不适当的，有权向用人单位提出，通过协商予以修改完善。

用人单位应当将直接涉及劳动者切身利益的规章制度和重大事项决定公示，或者告知劳动者。

第三十九条　劳动者有下列情形之一的，用人单位可以解除劳动合同：

（一）在试用期间被证明不符合录用条件的；

（二）严重违反用人单位的规章制度的；

（三）严重失职，营私舞弊，给用人单位造成重大损害的；

（四）劳动者同时与其他用人单位建立劳动关系，对完成本单位的工作任务造成严重影响，或者经用人单位提出，拒不改正的；

（五）因本法第二十六条第一款第一项规定的情形致使劳动合同无效的；

（六）被依法追究刑事责任的。

第四十三条　用人单位单方解除劳动合同，应当事先将理由通知工会。用人单位违反法律、行政法规规定或者劳动合同约定的，工会有权要求用人单位纠正。用人单位应当研究工会的意见，并将处理结果书面通知工会。

第四十八条　用人单位违反本法规定解除或者终止劳动合同，劳动者要求继续履行劳动合同的，用人单位应当继续履行；劳动者不要求继续履行劳动合同或者劳动合同已经不能继续履行的，用人单位应当依照本法第八十七条规定支付赔偿金。

第五十条　用人单位应当在解除或者终止劳动合同时出具解除或者终止劳动合同的证明，并在十五日内为劳动者办理档案和社会保险关系转移手续。

劳动者应当按照双方约定，办理工作交接。用人单位依照本法有关规定应当向劳动者支付经济补偿的，在办结工作交接时支付。

用人单位对已经解除或者终止的劳动合同的文本，至少保存二年备查。

第八十七条　用人单位违反本法规定解除或者终止劳动合同的，应当依照本法第四十七条规定的经济补偿标准的二倍向劳动者支付赔偿金。

最高人民法院《关于审理劳动争议案件适用法律若干问题的解释（2008调整）》

第十三条　因用人单位作出的开除、除名、辞退、解除劳动合同、减少劳动报酬、计算劳动者工作年限等决定而发生的劳动争议，用人单位负举证责任。

最高人民法院《关于审理劳动争议案件适用法律若干问题的解释（四）》法释〔2013〕4号

第十二条　建立了工会组织的用人单位解除劳动合同符合劳动合同法第三十九条、第四十条规定，但未按照劳动合同法第四十三条规定事先通知工会，劳动者以用人单位违法解除劳动合同为由请求用人单位支付赔偿金的，人民法院应予支持，但起诉前用人单位已经补正有关程序的除外。

（二）要点简析

1. 醉驾被依法追究刑事责任的，用人单位可解除劳动合同

根据《劳动合同法》第三十九条第一款第六项规定，劳动者被依法追究刑事责任的，用人单位可以解除劳动合同。根据《刑法》第一百三十三条规定，在道路上醉酒驾驶机动车的，处拘役，并处罚金。所以如果员工在道路上达到"醉驾"的程度被依法追究刑事责任，被法院判处刑罚的，用人单位可以解除劳动合同。如果员工只是一般酒驾，被处以行政处罚，没有构成犯罪被依法追究刑事责任的，用人单位一般不能以该项理由解除劳动合同。

2. 用人单位可以违反规章制度或劳动合同约定为由解除劳动合同

在实践中，员工醉驾被依法追究刑事责任，用人单位可根据《劳动合同法》第三十九条的规定解除劳动合同，虽然该条规定的是"可以"解除劳动合同，但对于用人单位来说，员工有上述行为其就享有了法定的解除权，完全有权利解除劳动合同；同时，用人单位也可以员工违反相关规章制度或劳动合同约定而解除劳动合同，前提是规章制度有明确规定或者劳动合同有明确约定上述劳动合同解除的情形，否则不能以员工违反用人单位规章制度或者违反劳动合同约定而解除劳动合同。

当然，用人单位单方解除劳动合同应履行必要的程序，如应当事先将理由通知工会，并且将解除通知书送达当事员工等，避免因程序瑕疵造成违法解除劳动合同，从而承担赔偿责任。

3. 员工醉驾被依法追究刑事责任，用人单位应一次性处理完毕

在互联网信息高度发达的今天，员工醉驾被依法追究刑事责任一事很容易被用人单位知道，如果用人单位在已知该事件后没有及时和员工解除劳动合同，那么事后不能以同一事件为由单方解除劳动合同。

当然，在证明用人单位"已知"还是"未知"员工醉驾被依法追究刑事责任这个问题上，原则上应该"谁主张谁举证"，由用人单位承担其"未知"的举证责任，由员工承担用人单位"已知"的举证责任。

三、管理建议

1. 用人单位单方解除劳动合同应履行相关程序

用人单位和员工可以协商解除劳动合同，两者也可以提前通知解除或单方解除劳动合同。用人单位以员工醉驾被依法追究刑事责任为由解除劳动合同，属于劳动合同解除中的用人单位单方解除劳动合同（过失性辞退）情形。根据《劳动合同法》第四十三条的规定，用人单位单方解除劳动合同，应当事先将理由通知工会。用人单位违反法律、行政法规规定或者劳动合同约定的，工会有权要求用人单位纠正。用人单位应当研究工会的意见，并将处理结果书面通知工会。因此用人单位单方解除劳动合同应履行"事先将解除劳动合同的理由通知工会"程序，否则将会被法院认定为解除劳动合同程序违法，属违法解除劳动合同。对此，《劳动合同法》第四十八条规定，劳动者要求继续履行劳动合同的，用人单位应当继续履行；劳动者不要求继续履行劳动合同或者劳动合同已经不能继续履行的，用人单位应当依照本法第八十七条规定支付赔偿金。当然，根据《最高人民法院关于审理劳动争议案件适用法律若干问题的解释（四）》第十二条规定，用人单位未事先通知工会，劳动者以用人单位违法解除劳动合同为由请求用人单位支付赔偿金的，人民法院应予支持，但起诉前用人单位已经补正有关程序的除外。也就是说，用人单位在解除劳动合同当时没有事先通知工会，但事后在起诉前补正通知程序的，用人单位可以不必支付赔偿金。

在司法实践中，除了事先通知工会外，还要求用人单位向员工送达解除劳动合同的通知。

2. 制定规章制度应履行民主程序，做好公示、告知工作

在实践中，用人单位除了援引《劳动合同法》第三十九条第一款第六项规定解除劳动合同外，还会以违反规章制度为由解除劳动合同。用人单位在规章制度中明确规定解除劳动合同的情形包括员工被依法追究刑事责任、严重违反规章制度等。当醉驾符合上述规定时，用人单位可以此为由解除劳动合同。

对此，用人单位事先应履行相关民主程序，做好宣贯、培训、告知等工作。根据《劳动合同法》第四条规定，用人单位在制定、修改或者

决定有关劳动报酬、工作时间、休息休假、劳动安全卫生、保险福利、职工培训、劳动纪律以及劳动定额管理等直接涉及劳动者切身利益的规章制度或者重大事项时，应当经职工代表大会或者全体职工讨论，提出方案和意见，与工会或者职工代表平等协商确定。用人单位应当将直接涉及劳动者切身利益的规章制度和重大事项决定公示，或者告知劳动者。用人单位制定的规章制度如有关于解除劳动合同的相关内容，也应属于直接涉及劳动者切身利益的规章制度，应当经职工代表大会或者全体职工讨论，提出方案和意见，与工会或者职工代表平等协商确定，履行必要的民主程序。用人单位还应将规章制度进行公示或者告知员工，可通过入职（岗前）培训，规章制度考试，日常培训，口袋书学习，例会宣贯等形式，同时注意留存书面、照片、视频、电子档案等证据。

另外，用人单位可与员工在劳动合同中约定解除劳动合同的情形。根据《劳动合同法》第三条的规定，订立劳动合同，应当遵循合法、公平、平等自愿、协商一致、诚实信用的原则。用人单位与员工在劳动合同中约定解除劳动合同的情形也应遵循上述原则。

3. 用人单位应及时处理员工醉驾事件

员工醉驾被依法追究刑事责任，若员工借故请假而实际上是被执行拘役刑罚的，用人单位在当时可能并不一定会发现员工的上述犯罪行为。此时，用人单位为"未知"。若用人单位当时就已知晓员工醉驾被依法追究刑事责任，却未与其解除劳动合同，以其他方式处理（如内退、留用察看、降职等）继续履行劳动合同或者仍与之签订劳动合同，那么用人单位在日后不能再次以上述理由与员工解除劳动合同。否则就会发生一事被多次处理的现象，违反诚信、公平原则。

四、参考案例

案例 1：规章制度未明确规定的，用人单位不可解除劳动关系

案号：（2015）佛南法民一初字第 2048 号、（2016）粤 06 民终 4093 号

案情简介：2010 年 8 月 23 日被告何某入职原告某学校，何某于 2014 年因酒驾被行政拘留，该学校当时并没有对此作出处理。2015 年 7 月 15 日学校以何某教学质量低下，教学业绩差，绩效考核不合格，且存在酒驾被行政拘留的行为为由解除与何某的劳动关系。

一审法院认为，该学校提交的规章制度未对"教学质量低下"作出明确具体的评判标准，没有规定对考核不合格的员工直接予以辞退，绩效考核结果只是由学校单方出具，没有经过何某确认，也没有直接有效送达予何某，学校主张何某绩效考核不合格不成立。何某是于 2014 年因酒驾被行政拘留，但是学校当时并没有对此作出处理，而是直至 2015 年 7 月才以该事由作为解除劳动关系的原因之一，理据不充分，不予采纳。学校辞退何某理由不充分，应支付违法解除劳动关系的赔偿金予何某。二审法院驳回上诉，维持原判。

案例 2：解除劳动合同程序违法，用人单位应支付经济补偿金

案号：（2016）桂 0325 民初 533 号、（2017）桂 03 民终 589 号

案情简介：2012 年 7 月 1 日被告陆某进入原告某公交公司从事驾驶员工作。双方签订书面劳动合同，合同期限为：自 2012 年 7 月 1 日起至 2015 年 6 月 30 日止。2015 年 4 月 30 日，公交公司研究决定根据公司《企业职工奖惩制度》的规定，认为陆某醉酒驾驶营运车辆被取消企业车辆准驾资格，已经不符合公交车驾驶员的聘用条件，符合企业与其解除劳动合同的情形，从 2015 年 5 月 1 日起解除陆某的劳动合同。

一审法院认为，公交公司与陆某解除劳动合同程序上违法，判定其支付解除劳动合同经济补偿金。公交公司上诉认为一审认定事实遗漏"陆某承认醉驾被公安部门处理"的事实，二审法院认为，陆某在一审庭审中承认在合同期间有酒后驾车行为，但该陈述与本案主要事实无关联性，二审法院对公交公司此异议事实不予以确认。二审法院认为公交公司未能证明其履行了将单方解除劳动合同的理由通知工会及向陆某送达解除劳动合同通知等义务，解除劳动合同程序存在违法，遂驳回上诉，维持原判。

案例 3：用人单位可根据劳动合同约定解除劳动合同

案号：（2014）达民初字第 177 号、（2014）鄂民终字第 325 号

案情简介：2012 年 3 月 2 日，原告王某与被告某公司续签了劳动合同，约定合同期限为五年，从 2012 年 3 月 2 日至 2017 年 3 月 2 日。该合同第八条第五款约定王某有"被依法追究刑事责任"情形，某公司可以解除本合同。王某于 2013 年 8 月 14 日因危险驾驶被判处拘役一个月。该公司于 2014 年 9 月 30 日对王某做出了开除的决定。

王某主张某公司于 2013 年 9 月 27 日，对其做出留用察看一年，察看期间发最低生活保障金的处理，但是某公司又于 9 月 30 日对王某做出了开除决定。该公司既然于 9 月 27 日已经对其做出了处理，就不应该在 9 月 30 日对其再处理。一审法院对王某主张的 9 月 27 日被告公司已处理的主张，未予认定为案件事实。

一审法院认为依照双方签订的劳动合同约定，王某被追究刑事责任的，被告公司可以解除劳动合同。二审法院驳回上诉，维持原判。

经 济 补 偿 篇

劳动合同期满终止经济补偿金从 2008 年起算

一、案情简介

案号：（2017）京 0114 民初 7512 号

案情简介： 原告与被告自 2012 年 2 月 5 日起 3 次签署（续签）了劳动合同，合同期限至 2017 年 2 月 3 日。2017 年 1 月 13 日，被告制作了不再续签劳动合同通知书，内容为"……公司与您之间于 2012 年 2 月 5 日所签署的劳动合同于 2017 年 2 月 3 日到期。由于个人原因接项目部多次通知仍未到公司签署劳动合同，我们在此很遗憾地通知您，公司决定不再与您续签劳动合同，即劳动合同到期终止。"2017 年 2 月 23 日，原告申请劳动仲裁，请求被告支付 2017 年 2 月 1 日至 2 月 20 日期间的工资 2433.33 元、不再续签劳动合同的终止劳动合同经济补偿金 16750 元。2017 年 4 月 6 日，仲裁裁决被告支付原告 2017 年 2 月 1 日至 2 月 3 日期间的工资 335 元，驳回原告的其他申请请求。原告不服该裁决，在法定时间内诉至法院。法院认为：被告称已多次通知原告到公司续订合同但原告拒绝签署，但未提交任何证据；不再续签劳动合同通知书制作时间为 2017 年 1 月 13 日，但并未提交送达的相关证据。一审判决被告支付原告 2017 年 2 月 1 日至 2 月 20 日工资 2233.33 元，支付原告经济补偿金 16750 元。

二、法律分析

（一）关键法条

《劳动合同法》

第四十四条　有下列情形之一的，劳动合同终止：

（一）劳动合同期满的；

（二）劳动者开始依法享受基本养老保险待遇的；

（三）劳动者死亡，或者被人民法院宣告死亡或者宣告失踪的；

（四）用人单位被依法宣告破产的；

（五）用人单位被吊销营业执照、责令关闭、撤销或者用人单位决定提前解散的；

（六）法律、行政法规规定的其他情形。

第四十六条　有下列情形之一的，用人单位应当向劳动者支付经济补偿：

（一）劳动者依照本法第三十八条　规定解除劳动合同的；

（二）用人单位依照本法第三十六条　规定向劳动者提出解除劳动合同并与劳动者协商一致解除劳动合同的；

（三）用人单位依照本法第四十条　规定解除劳动合同的；

（四）用人单位依照本法第四十一条　第一款规定解除劳动合同的；

（五）除用人单位维持或者提高劳动合同约定条件续订劳动合同，劳动者不同意续订的情形外，依照本法第四十四条　第一项规定终止固定期限劳动合同的；

（六）依照本法第四十四条　第四项、第五项规定终止劳动合同的；

（七）法律、行政法规规定的其他情形。

第八十七条　用人单位违反本法规定解除或者终止劳动合同的，应当依照本法第四十七条　规定的经济补偿标准的二倍向劳动者支付赔偿金。

第八十九条　用人单位违反本法规定未向劳动者出具解除或者终止劳动合同的书面证明，由劳动行政部门责令改正；给劳动者造成损害的，应当承担赔偿责任。

第九十七条　本法施行前已依法订立且在本法施行之日存续的劳动合同，继续履行；本法第十四条第二款第三项规定连续订立固定期限劳动合同的次数，自本法施行后续订固定期限劳动合同时开始计算。

本法施行前已建立劳动关系，尚未订立书面劳动合同的，应当自本法施行之日起一个月内订立。

本法施行之日存续的劳动合同在本法施行后解除或者终止，依照本法第四十六条规定应当支付经济补偿的，经济补偿年限自本法施行之日起计算；本法施行前按照当时有关规定，用人单位应当向劳动者支付经济补偿的，按照当时有关规定执行。

《劳动合同法实施条例》

第二十五条　用人单位违反劳动合同法的规定解除或者终止劳动合同，依照劳动合同法第八十七条的规定支付了赔偿金的，不再支付经济补偿。赔偿金的计算年限自用工之日起计算。

最高人民法院《关于审理劳动争议案件适用法律若干问题解释(二)》法释〔2006〕6号

第一条　人民法院审理劳动争议案件，对下列情形，视为劳动法第八十二条规定的"劳动争议发生之日"：

（一）在劳动关系存续期间产生的支付工资争议，用人单位能够证明已经书面通知劳动者拒付工资的，书面通知送达之日为劳动争议发生之日。用人单位不能证明的，劳动者主张权利之日为劳动争议发生之日。

（二）因解除或者终止劳动关系产生的争议，用人单位不能证明劳动者收到解除或者终止劳动关系书面通知时间的，劳动者主张权利之日为劳动争议发生之日。

（三）劳动关系解除或者终止后产生的支付工资、经济补偿金、福利待遇等争议，劳动者能够证明用人单位承诺支付的时间为解除或者终止劳动关系后的具体日期的，用人单位承诺支付之日为劳动争议发生之日。劳动者不能证明的，解除或者终止劳动关系之日为劳动争议发生之日。

最高人民法院《关于民事诉讼证据的若干规定》(2008调整)

第六条　在劳动争议纠纷案件中，因用人单位作出开除、除名、辞退、解除劳动合同、减少劳动报酬、计算劳动者工作年限等决定而发生劳动争议的，由用人单位负举证责任。

（二）要点简析

1. 劳动合同期满终止应支付经济补偿金

根据《劳动合同法》第四十四条、第四十六条，劳动合同因期满而终止，终止后用人单位应当支付经济补偿金。前述案例中，劳动合同期满后用人单位单方决定不再续签合同，不需要提前30日通知劳动者，但是需要支付相应的经济补偿金。

2. 劳动合同期满终止的经济补偿金从2008年起算

因期满终止劳动合同而支付经济补偿金由《劳动合同法》规定。《劳动法》等相关法律法规没有因期限届满终止劳动合同时用人单位需支付经济补偿金的规定。因此，2008年之前劳动合同期限届满解除不需要支付经济补偿金。合同期满终止劳动合同的经济补偿金应从2008年起算。

除劳动合同期满终止的经济补偿金外，还有其他情况下应付经济补偿金的年限计算，按照《劳动合同法》第九十六条规定执行。

3. 不再续签合同的书面通知应有效送达

前文案例中，用人单位称不再续签劳动合同通知书送达原告的时间为 2017 年 1 月 13 日，但劳动者称收到日期为 2017 年 2 月 20 日。根据最高人民法院《关于民事诉讼证据的若干规定》第六条，举证责任在用人单位。鉴于用人单位并未提交向原告送达不再续签劳动合同通知书的相关证据，故法院对原告的主张予以认可。终止劳动关系通知书未送达，等同于未辞退，用人单位即应承担相应的责任。具体见"辞退员工的通知仅张贴公告视为未送达"专题。

三、管理建议

1. 规范出具解除或终止劳动合同的书面证明

出具解除或终止劳动合同的书面证明，是供电企业人资管理中较易产生错误的关键环节。根据《劳动合同法》八十七条、第八十九条，用人单位违法解除或者终止劳动合同的，应支付二倍赔偿金，同时未按规定出具相关书面证明的，还要承担损害赔偿责任。2008 年《劳动合同法》及其他法律法规实施以来，大部分供电企业迅速调整工作思路，严格按照法律法规办事，修订规章制度，改变工作方法，规避劳动用工风险。但仍有少部分单位在劳动关系管理尤其是劳动合同的解除工作中出现争议纠纷，劳动关系管理不尽规范，需要进一步探索加强管理、防范风险的有效措施。

2. 用人单位应保留送达回执等相关凭证

根据最高人民法院《关于民事诉讼证据的若干规定》第六条，在劳动争议纠纷案件中，因用人单位作出开除、除名、辞退、解除劳动合同、减少劳动报酬、计算劳动者工作年限等决定而发生劳动争议的，用人单位负举证责任。因此，建议用人单位送达相关通知后，保留送达回执，留档备查。

四、参考案例

无。

派遣制员工与劳务派遣公司成立劳动关系

一、案情简介

案号：（2014）海民初字第 269 号、（2015）海民初字第 23 号、（2016）黑 1083 民初 239 号、（2016）黑 10 民终 885 号、（2017）黑民申 1285 号

案情简介：原告于 2008 年 10 月 22 日前在被告供电公司工作。2008 年 10 月 22 日后转为劳务派遣，与被告某劳务派遣公司签订了一年的劳务派遣合同，到期后双方没有再签订劳动合同，但原告一直派遣在被告供电公司工作并由某劳务派遣公司发工资。2012 年 8 月，因原告未在规定的时间内将劳动关系转至某劳务派遣公司，被告某劳务派遣公司解除了与原告的劳动合同。原告于 2012 年 9 月 13 日申请仲裁。市劳动争议仲裁委员会裁决由供电公司支付原告经济补偿金 11000 元，为原告补缴 1996 年 6 月至 2008 年 10 月养老保险单位应缴部分；由某劳务派遣公司与原告的解除劳动关系，经济补偿 6800 元，补缴 2008 年 10 月至 2012 年 7 月养老保险金单位应缴部分 17204 元。被告供电公司不服起诉，市人民法院于 2014 年 8 月 28 日作出了民事裁定书，裁定市劳动争议仲裁委员会作出的仲裁裁决不生效。

原告于 2014 年 12 月 5 日再次申请仲裁。市劳动争议仲裁委员会以不符合受理条件为由，不予受理。原告诉至法院，要求依法解除与被告供电公司的劳动关系，由被告支付赔偿金、双倍工资、五险一金损失、失业生活费合计 212100.00 元，并开具下岗失业证明。

一审法院认为，2008 年 10 月 22 日之前原告在供电公司工作，双方形成事实劳动关系。2008 年 10 月 22 日，原告与某劳务派遣公司签订劳动合同，与之形成劳动合同关系。遂判决被告某劳务派遣公司给付原告经济补偿金 20400 元，驳回原告的其他诉讼请求。二审维持原判。

再审法院认为，2008 年 10 月 22 日之后原告与供电公司已不存在劳动关系，其请求供电公司解除劳动关系和支付工资、补发双倍工资、失业生活费、开具下岗失业证明等缺乏事实和法律依据，原判决未予支持并无不当。裁定驳回再审申请。

二、法律分析

（一）关键法条

《劳动合同法》

第五十八条　劳务派遣单位是本法所称用人单位，应当履行用人单位对劳动者的义务。劳务派遣单位与被派遣劳动者订立的劳动合同，除应当载明本法第十七条规定的事项外，还应当载明被派遣劳动者的用工单位以及派遣期限、工作岗位等情况。

第五十九条　劳务派遣单位派遣劳动者应当与接受以劳务派遣形式用工的单位（以下称用工单位）订立劳务派遣协议。劳务派遣协议应当约定派遣岗位和人员数量、派遣期限、劳动报酬和社会保险费的数额与支付方式以及违反协议的责任。

第九十二条　第二款　劳务派遣单位、用工单位违反本法有关劳务派遣规定的，由劳动行政部门责令限期改正；逾期不改正的，以每人五千元以上一万元以下的标准处以罚款，对劳务派遣单位，吊销其劳务派遣业务经营许可证。用工单位给被派遣劳动者造成损害的，劳务派遣单位与用工单位承担连带赔偿责任。

《劳动合同法实施条例》

第二十八条　用人单位或者其所属单位出资或者合伙设立的劳务派遣单位，向本单位或者所属单位派遣劳动者的，属于劳动合同法第六十七条规定的不得设立的劳务派遣单位。

第三十条　劳务派遣单位不得以非全日制用工形式招用被派遣劳动者。

第三十一条　劳务派遣单位或者被派遣劳动者依法解除、终止劳动合同的经济补偿，依照劳动合同法第四十六条、第四十七条的规定执行。

最高人民法院《关于审理劳动争议案件适用法律若干问题的解释（四）》法释〔2013〕4号

第五条　劳动者非因本人原因从原用人单位被安排到新用人单位工作，原用人单位未支付经济补偿，劳动者依照劳动合同法第三十八条规定与新用人单位解除劳动合同，或者新用人单位向劳动者提出解除、终止劳动合同，在计算支付经济补偿或赔偿金的工作年限时，劳动者请求把在原用人单位的工作年限合并计算为新用人单位工作年限的，人民法院应予支持。

用人单位符合下列情形之一的，应当认定属于"劳动者非因本人原因从原用人单位被安排到新用人单位工作"：

（一）劳动者仍在原工作场所、工作岗位工作，劳动合同主体由原用人单位变更为新用人单位；

（二）用人单位以组织委派或任命形式对劳动者进行工作调动；

（三）因用人单位合并、分立等原因导致劳动者工作调动；

（四）用人单位及其关联企业与劳动者轮流订立劳动合同；

（五）其他合理情形。

《劳务派遣暂行规定》

第三条　用工单位只能在临时性、辅助性或者替代性的工作岗位上使用被派遣劳动者。

前款规定的临时性工作岗位是指存续时间不超过 6 个月的岗位；辅助性工作岗位是指为主营业务岗位提供服务的非主营业务岗位；替代性工作岗位是指用工单位的劳动者因脱产学习、休假等原因无法工作的一定期间内，可以由其他劳动者替代工作的岗位。

用工单位决定使用被派遣劳动者的辅助性岗位，应当经职工代表大会或者全体职工讨论，提出方案和意见，与工会或者职工代表平等协商确定，并在用工单位内公示。

第四条　用工单位应当严格控制劳务派遣用工数量，使用的被派遣劳动者数量不得超过其用工总量的 10%。

前款所称用工总量是指用工单位订立劳动合同人数与使用的被派遣劳动者人数之和。

计算劳务派遣用工比例的用工单位是指依照劳动合同法和劳动合同法实施条例可以与劳动者订立劳动合同的用人单位。

第十二条　有下列情形之一的，用工单位可以将被派遣劳动者退回劳务派遣单位：

（一）用工单位有劳动合同法第四十条第三项、第四十一条规定情形的；

（二）用工单位被依法宣告破产、吊销营业执照、责令关闭、撤销、决定提前解散或者经营期限届满不再继续经营的；

（三）劳务派遣协议期满终止的。

被派遣劳动者退回后在无工作期间，劳务派遣单位应当按照不低于所在地人民政府规定的最低工资标准，向其按月支付报酬。

第十三条　被派遣劳动者有劳动合同法第四十二条规定情形的，在派遣期限届满前，用工单位不得依据本规定第十二条第一款第一项规定将被派遣劳动者退回劳务派遣单位；派遣期限届满的，应当延续至相应情形消失时方可退回。

第十六条　劳务派遣单位被依法宣告破产、吊销营业执照、责令关闭、撤销、决定提前解散或者经营期限届满不再继续经营的，劳动合同终止。用工单位应当与劳务派遣单位协商妥善安置被派遣劳动者。

第十七条　劳务派遣单位因劳动合同法第四十六条或者本规定第十五条、第十六条规定的情形，与被派遣劳动者解除或者终止劳动合同的，应当依法向被派遣劳动者支付经济补偿。

第二十二条　用工单位违反本规定第三条第三款规定的，由人力资源社会保障行政部门责令改正，给予警告；给被派遣劳动者造成损害的，依法承担赔偿责任。

（二）要点简析

1. 派遣制用工的劳动者与劳务派遣公司成立劳动关系

根据《劳动合同法》第五十八条、第五十九条，劳务派遣单位是用人单位，应当与被派遣劳动者订立劳动合同，而接受劳务派遣人员的单位称用工单位。前文案例中，2008年10月22日之前，原告在被告公司工作，双方形成事实劳动关系。2008年10月22日之后，原告与劳务派遣公司签订劳动合同，即与其形成劳动合同关系。

2. 改派遣时如解除合同应合并计算工龄

根据最高人民法院《关于审理劳动争议案件适用法律若干问题的解释（四）》第五条第一款的规定，劳动者仍在原工作场所、工作岗位工作，劳动合同主体由原用人单位变更为新用人单位，新用人单位向劳动者提出解除、终止劳动合同时，在计算支付经济补偿或赔偿金的工作年限时，应将原用人单位的工作年限合并计算为新用人单位工作年限的。前文案例中，劳务派遣公司计算解除合同经济补偿金的年限，应包括2008年以前原告在被告供电公司处工作的年限。

3. 劳务派遣公司违法给劳动者造成损害的，用工单位应承担连带责任

根据《劳动合同法》第九十二条，用工单位给被派遣劳动者造成损害的，劳务派遣单位与用工单位承担连带赔偿责任。《劳务派遣暂行规定》第十七条规定，劳务派遣单位因《劳动合同法》第四十六条或者本规定第十五条、第十六条规定的情形，与被派遣劳动者解除或者终止劳动合同的，应当依法向被派遣劳动者支付经济补偿。可见，正常情况下劳务派遣单位独立承担支付经济补偿等责任。在劳务派遣单位违反《劳动合同法》如违法派遣、违法解除合同等情况下，用人单位才与劳务派遣单位承担连带责任。此外，如果劳务派遣单位被依法宣告破产、吊销营业执照、责令关闭、撤销、决定提前解散或者经营期限届满不再继续经营时，劳动合同终止，用工单位应当与劳务派遣单位协商妥善安置被派遣劳动者。

三、管理建议

1. 应注意劳务派遣员工的适用岗位

根据《劳务派遣暂行规定》第三条，用工单位只能在临时性、辅助性或者替代性的工作岗位上使用被派遣劳动者。其中临时性工作岗位是指存续时间不超过 6 个月的岗位；辅助性工作岗位是指为主营业务岗位提供服务的非主营业务岗位；替代性工作岗位是指用工单位的劳动者因脱产学习、休假等原因无法工作的一定期间内，可以由其他劳动者替代工作的岗位。同时用工单位决定使用被派遣劳动者的辅助性岗位，应当经职工代表大会或者全体职工讨论，提出方案和意见，与工会或者职工代表平等协商确定，并在用工单位内公示。以上规定，应引起供电企业重视。

2. 应注意控制劳务派遣员工的用工数量

根据《劳务派遣暂行规定》第四条，用工单位应当严格控制劳务派遣用工数量，使用的被派遣劳动者数量不得超过其用工总量的 10%。该用工总量是指用工单位订立劳动合同人数与使用的被派遣劳动者人数之和，即供电企业直签员工与被派遣劳动者人数之和。用工单位未在 2014年 3 月 1 日《劳务派遣暂行规定》实施日期前使用的被派遣劳动者数量降至符合规定比例之前，不得新录用被派遣劳动者。2014 年 3 月 1 日后，仍应遵守 10%的用工总量限制。

四、参考案例

案例：银行派遣制员工与劳务公司成立劳动关系

案号：（2016）皖 0722 民初 3092 号、（2017）皖 07 民终 648 号

案情简介：1997 年 6 月，原告以"代办员"身份进入被告某银行工作。2003 年被告为原告办理了企业职工养老保险。2004 年银行进行股份制改革，被告的用工形式随之发生变化。从 2003 年 6 月始至 2013 年 6 月止，被告与某劳务派遣服务中心签订了劳务借用合作协议和劳务派遣协议，接受劳务派遣形式的用工；由劳务派遣服务中心与派遣员工签订劳动合同，建立劳动关系。自 2004 年 5 月 1 日起至 2013 年 7 月 1 日止，原告与劳务派遣服务中心签订六份劳动合同（其中 2013 年 7 月 1 日签订的合同到期日为 2016 年 6 月 30 日），被派遣至被告处工作。

2016 年 5 月 12 日，被告向劳务派遣服务中心发出"劳务派遣人员退工通知书"，要求将包括原告在内的五名被派遣人员退回，劳务派遣服务中心于同年 6 月 12 日向原告发出了劳动合同终止通知书。9 月 24 日，劳务派遣服务中心再次向原告发出通知，要求其在 2016 年 10 月 15 日前办理终止劳动合同、签收一次性经济补偿金和办理失业保险相关手续。鉴于原告与劳务派遣服务中心签订的劳动合同于 2016 年 6 月 30 日到期，被告意欲让原告和其他相关员工另行与某物业公司签订劳动合同。原告认为自己持续在被告处工作近二十年，应当与被告存在劳动关系，申请劳动仲裁被以证据不足不予受理。原告诉至法院，要求确认与被告之间的劳动关系，并签订书面无固定期限的劳动合同。一审法院认为，劳务派遣服务中心是用人单位。判决驳回原告要求确认与被告之间存在劳动关系的诉讼请求。二审维持原判。

退休返聘按劳务不缴社保也不支付经济补偿

一、案情简介

案号：（2017）川 1181 民初 55 号

案情简介：原告于 1998 年 8 月 14 日与供电局电力管理站签订了用工协议。2011 年 5 月 31 日，原告与被告供电公司签订了为期一年的劳动合同，该合同于 2012 年 5 月 31 日协商解除。2012 年 6 月 1 日，原告与被告物业公司签订了劳动合同，合同期限为 2012 年 6 月 1 日至 2013 年 3 月 1 日。此后，原告与被告物业公司连续多次签订了劳动合同，双方最近一次劳动合同于 2016 年 1 月 1 日签订，期限为 1 年。2016 年 10 月 30 日，原告与被告物业公司协商解除了 2016 年 1 月 1 日签订的劳动合同。原告与被告物业公司签订劳动合同期间，物业公司为原告参加了五项社会保险至 2014 年 1 月原告达到法定退休年龄时止。原告 2014 年 1 月份开始领取城镇职工养老保险。

2017 年 1 月 5 日，原告申请劳动仲裁，要求二被告支付其解除劳动合同的经济补偿金，但该委以原告已经达到法定退休年龄为由作出不予受理案件通知书。当日，原告诉至法院。法院认为，原告与被告物业公司之间的劳动合同因 2014 年 1 月 1 日原告达到法定退休年龄而终止，不符合《劳动合同法》第四十六条关于支付经济补偿金的规定，驳回原告的诉讼请求。

二、法律分析

（一）关键法条

《劳动合同法》

第四十六条　有下列情形之一的，用人单位应当向劳动者支付经济补偿：

（一）劳动者依照本法第三十八条　规定解除劳动合同的；

（二）用人单位依照本法第三十六条　规定向劳动者提出解除劳动合同并与劳动者协商一致解除劳动合同的；

（三）用人单位依照本法第四十条　规定解除劳动合同的；

（四）用人单位依照本法第四十一条　第一款规定解除劳动合同的；

（五）除用人单位维持或者提高劳动合同约定条件续订劳动合同，劳动者不同意续订的情形外，依照本法第四十四条　第一项规定终止固定期限劳动合同的；

（六）依照本法第四十四条　第四项、第五项规定终止劳动合同的；

（七）法律、行政法规规定的其他情形。

第四十四条　有下列情形之一的，劳动合同终止：

（一）劳动合同期满的；

（二）劳动者开始依法享受基本养老保险待遇的；

（三）劳动者死亡，或者被人民法院宣告死亡或者宣告失踪的；

（四）用人单位被依法宣告破产的；

（五）用人单位被吊销营业执照、责令关闭、撤销或者用人单位决定提前解散的；

（六）法律、行政法规规定的其他情形。

《劳动合同法实施条例》

第二十一条　劳动者达到法定退休年龄的，劳动合同终止。

《劳动争议调解仲裁法》

第二十七条　劳动争议申请仲裁的时效期间为一年。仲裁时效期间从当事人知道或者应当知道其权利被侵害之日起计算。

劳动关系存续期间因拖欠劳动报酬发生争议的，劳动者申请仲裁不受本条第一款规定的仲裁时效期间的限制；但是，劳动关系终止的，应当自劳动关系终止之日起一年内提出。

最高人民法院《关于审理劳动争议案件适用法律若干问题的解释（三）》法释〔2010〕12号

第七条　用人单位与其招用的已经依法享受养老保险待遇或领取退休金的人员发生用工争议，向人民法院提起诉讼的，人民法院应当按劳务关系处理。

人力资源社会保障部《关于执行〈工伤保险条例〉若干问题的意见（二）》人社部发〔2016〕29号

二、达到或超过法定退休年龄，但未办理退休手续或者未依法享受城镇职工基本养老保险待遇，继续在原用人单位工作期间受到事故伤害或患职业病的，用人单位依法承担工伤保险责任。

用人单位招用已经达到、超过法定退休年龄或已经领取城镇职工基本养老保险待遇的人员，在用工期间因工作原因受到事故伤害或患职业病的，如招用单位已按项目参保等方式为其缴纳工伤保险费的，应适用《工伤保险条例》。

（二）地方法规

《浙江省工伤保险条例》浙江省人民代表大会常务委员会公告第64号

第三十九条　经省社会保险行政部门批准，市、县可以试行职业技工等学校的学生在实习期间和已超过法定退休年龄人员在继续就业期间参加工伤保险。省社会保险行政部门应当加强指导。

《广东省工伤保险条例》广东省第十一届人民代表大会常务委员会公告第69号

第六十五条　劳动者达到法定退休年龄或者已经依法享受基本养老保险待遇的，不适用本条例。

前款规定的劳动者受聘到用人单位工作期间，因工作原因受到人身伤害的，可以要求用人单位参照本条例规定的工伤保险待遇支付有关费用。双方对损害赔偿存在争议的，可以依法通过民事诉讼方式解决。

（三）要点简析

1. 原告向被告供电公司的主张已经超过仲裁时效

前文案例中，原告与供电公司于 2012 年 5 月 31 日协商解除劳动合同时，根据《劳动合同法》第四十六条第二款，原告有权要求被告供电公司支付经济补偿金，但当时原告并未主张。根据《劳动争议调解仲裁法》第二十七条，劳动争议申请仲裁时效的时间为一年。因此原告于 2017 年 1 月 5 日申请仲裁已经超过了 1 年的仲裁时效期间，且原告未能提出确切证据证明仲裁时效存在其他中止、中断的情形，故原告向被告供电公司主张经济补偿金的诉求已超过仲裁时效。

2. 用人单位不需向到龄退休的劳动者支付经济补偿金

前文案例中，原告 2014 年 1 月份即到法定退休年龄，开始领取城镇职工养老保险，但物业公司继续聘用原告直到 2016 年 10 月 30 日，而且双方也签订了劳动合同。根据最高人民法院《关于审理劳动争议案件适用法律若干问题的解释（三）》第七条，这种情况应当按劳务关系处理。因此法院认为根据"劳动者达到法定退休年龄的，劳动合同终止"之规定，原告与被告物业公司之间的劳动合同因 2014 年 1 月 1 日原告达到法定退休年龄、开始领取养老保险金而终止，不符合《劳动合同法》第四十六条关于支付经济补偿金的规定，故对原告要求被告物业公司支付经济补偿金的请求不予支持。

类似的情况在文后的案例中，原被告未签订劳动合同，被告到龄后也未办理手续领取养老金，因此法院认为原被告之间不存在劳动关系，被告已支付了劳动报酬，因此也不需要支付经济补偿金。

三、管理建议

1. 退休返聘人员应与单位建立劳务关系

提前退休人员年龄相对小，精力相对较好，工作经验相对丰富，而且用人单位不用负担养老、医疗、失业、工伤、生育保险和住房公积金的义务，且支付的劳动报酬不受最低工资限制。因此录用提前退休人员，对劳务公司有较大吸引力。根据最高人民法院《关于审理劳动争议案件适用法律若干问题的解释（三）》第七条，用人单位与其招用的已经依法享受养老保险待遇或领取退休金的人员发生用工争议，向人民法院提起诉讼的，人民法院应当按劳务关系处理。

2. 规范单位退休返聘管理，尽量参加工伤保险

员工办理退休并享受养老保险待遇后，不具备法律法规所规定的劳动者主体资格。个别单位因工作原因，需要返聘一些专业技术或管理人才。该类人员的用工风险主要体现在工伤的处理。因聘人员在工作过程中发生伤亡事故的，如未办理工伤保险，往往需要由用人单位参照工伤保险的相关待遇标准妥善处理。建议在签订返聘协议时，约定因工负伤、突发疾病和非因工负伤的责任；用人单位也可采取为返聘人员购买意外伤害保险等方式以避免可能出现的风险。此外，根据人力资源社会保障部《关于执行〈工伤保险条例〉若干问题的意见（二）》规定，已按项目参保等方式为其缴纳工伤保险费的，应适用《工伤保险条例》。该规定明确了退休返聘人员可以参与工伤保险。因此，建议用人单位在接受劳务

公司派遣或自行招录已退休人员时应谨慎评判法律风险。如确需招用，也应按项目参保等方式为其办理工伤保险。

四、参考案例

案例：到龄未退出工作岗位，用人单位已支付报酬不必赔偿

案号：（2015）鄂建始民初字第 00880 号、（2016）鄂 28 民终 154 号、（2016）鄂民申 2725 号

案情简介：原告身份证记载生于 1961 年 2 月 5 日，档案记载生于 1960 年 2 月 5 日，其自 1981 年 11 月至 2013 年 12 月在被告供电公司工作。双方签订了无固定期限劳动合同，被告为原告购买了社会保险。按档案年龄计算原告应于 2010 年 2 月达到法定退休年龄，被告没有在规定时间内到劳动保障行政部门为其办理退休申报手续，原告自己亦未退出工作岗位。自 2013 年 4 月 7 日起，原告到多部门上访求助，强烈要求迟延退休，要求工作至 55 周岁。原告 2010 年 2 月至 2013 年 11 月在被告处工作期间共领取各项待遇共计 19 万余元。2015 年 2 月 11 日县劳动人事争议仲裁委员会受理了原、被告间的劳动争议，但在法定期间内未作出仲裁裁决。2015 年 6 月 17 日原告就与被告间的劳动争议向法院起诉，请求法院判决被告补偿原告养老保险金、岗位补贴、工龄损失、生活补贴、年终慰问金等各项费用。一审法院认为，原告在延缓退休期间里已领取了应得劳动报酬，没有经济损失，对其要求用人单位赔偿养老保险金等费用的请求不予支持。二审、再审维持原判决。

拖欠工资及单方降工资解除合同应支付经济补偿

一、案情简介

案号：（2015）六民初字第 1486 号、（2016）苏 01 民终 3750 号 2016-07-21

案情简介：原告 2005 年 2 月 28 日进入被告公司工作。被告属于工程建设行业，在业务不足的情况下，劳动者每月实际在岗时间不足 20 天，遂安排原告于 2012 年至 2015 年在供电公司抢修突击队值班，月工资由 4400 元降为 3200 元。被告欠发原告 2015 年 1 月至 10 月期间的工资 33010 元。原告于 2015 年 11 月 5 日，向被告发出书面通知，要求解除劳动关系，于 2015 年 11 月 26 日向法院起诉，请求被告支付加班工资及经济补偿金。

一审法院认为：根据原告提供的被告施工班组每月休息奖惩制度，包括节假日在内，原告每月仅休息三天。被告未与原告协商，单方调整原告工作岗位，且大幅调低了原告的薪资待遇，属于单方降低劳动条件。另被告也未及时足额向原告支付工资。一审判决被告支付 2014 年 9 月 18 日至 2015 年 9 月 18 日的加班工资 21760 元，支付 2015 年 1 月至 10 月的未发工资 33010 元；支付 8 个月的经济补偿金 35200。二审维持原判。

二、法律分析

（一）关键法条

《劳动法》

第五十条　工资应当以货币形式按月支付给劳动者本人。不得克扣或者无故拖欠劳动者的工资。

《劳动合同法》

第三十五条　用人单位与劳动者协商一致，可以变更劳动合同约定的内容。变更劳动合同，应当采用书面形式。

变更后的劳动合同文本由用人单位和劳动者各执一份。

第三十六条　用人单位与劳动者协商一致，可以解除劳动合同。

第三十八条　用人单位有下列情形之一的，劳动者可以解除劳动合同：

（一）未按照劳动合同约定提供劳动保护或者劳动条件的；

（二）未及时足额支付劳动报酬的；

（三）未依法为劳动者缴纳社会保险费的；

（四）用人单位的规章制度违反法律、法规的规定，损害劳动者权益的；

（五）因本法第二十六条　第一款规定的情形致使劳动合同无效的；

（六）法律、行政法规规定劳动者可以解除劳动合同的其他情形。

用人单位以暴力、威胁或者非法限制人身自由的手段强迫劳动者劳动的，或者用人单位违章指挥、强令冒险作业危及劳动者人身安全的，劳动者可以立即解除劳动合同，不需事先告知用人单位。

第四十四条　有下列情形之一的，劳动合同终止：

（一）劳动合同期满的；

（二）劳动者开始依法享受基本养老保险待遇的；

（三）劳动者死亡，或者被人民法院宣告死亡或者宣告失踪的；

（四）用人单位被依法宣告破产的；

（五）用人单位被吊销营业执照、责令关闭、撤销或者用人单位决定提前解散的；

（六）法律、行政法规规定的其他情形。

第四十六条　有下列情形之一的，用人单位应当向劳动者支付经济补偿：

（一）劳动者依照本法第三十八条规定解除劳动合同的；

（二）用人单位依照本法第三十六条规定向劳动者提出解除劳动合同并与劳动者协商一致解除劳动合同的；

（三）用人单位依照本法第四十条规定解除劳动合同的；

（四）用人单位依照本法第四十一条第一款规定解除劳动合同的；

（五）除用人单位维持或者提高劳动合同约定条件续订劳动合同，劳动者不同意续订的情形外，依照本法第四十四条第一项规定终止固定期限劳动合同的；

（六）依照本法第四十四条第四项、第五项规定终止劳动合同的；

（七）法律、行政法规规定的其他情形。

第四十七条　经济补偿按劳动者在本单位工作的年限，每满一年支付一个月工资的标准向劳动者支付。六个月以上不满一年的，按一年计算；不满六个月的，向劳动者支付半个月工资的经济补偿。

劳动者月工资高于用人单位所在直辖市、设区的市级人民政府公布的本地区上年度职工月平均工资三倍的，向其支付经济补偿的标准按职工月平均工资三倍的数额支付，向其支付经济补偿的年限最高不超过十二年。

本条所称月工资是指劳动者在劳动合同解除或者终止前十二个月的平均工资。

第八十五条　用人单位有下列情形之一的，由劳动行政部门责令限期支付劳动报酬、加班费或者经济补偿；劳动报酬低于当地最低工资标准的，应当支付其差额部分；逾期不支付的，责令用人单位按应付金额百分之五十以上百分之一百以下的标准向劳动者加付赔偿金：

（一）未按照劳动合同的约定或者国家规定及时足额支付劳动者劳动报酬的；

（二）低于当地最低工资标准支付劳动者工资的；

（三）安排加班不支付加班费的；

（四）解除或者终止劳动合同，未依照本法规定向劳动者支付经济补偿的。

第九十七条　本法施行前已依法订立且在本法施行之日存续的劳动合同，继续履行；本法第十四条　第二款第三项规定连续订立固定期限劳动合同的次数，自本法施行后续订固定期限劳动合同时开始计算。

本法施行前已建立劳动关系，尚未订立书面劳动合同的，应当自本法施行之日起一个月内订立。

本法施行之日存续的劳动合同在本法施行后解除或者终止，依照本法第四十六条　规定应当支付经济补偿的，经济补偿年限自本法施行之日起计算；本法施行前按照当时有关规定，用人单位应当向劳动者支付经济补偿的，按照当时有关规定执行。

《违反和解除劳动合同的经济补偿办法》劳部发〔1994〕481号（已失效）

第三条　用人单位克扣或者无故拖欠劳动者工资的，以及拒不支付劳动者延长工作时间工资报酬的，除在规定的时间内全额支付劳动者工资报酬外，还需加发相当于工资报酬百分之二十五的经济补偿金。

（二）要点简析

1. 降低工作报酬应与劳动者协商

根据《劳动合同法》第三十五条规定，变更劳动合同内容需经用人单位与劳动者双方协商一致。前文案例中，原告原工作岗位的月平均工资为4400元，被调整至后勤岗位后月工资为3200元。被告未与原告协商，单方调整原告工作岗位，且大幅调低了原告的薪资待遇，属于单方降低劳动条件。如果劳动者不同意续签合同，根据《劳动合同法》第四十六条第（五）款，可以向被告提出解除劳动合同，并要求被告支付其解除劳动关系的经济补偿金。

2. 未及时支付工资应付经济补偿

前文案例中，用人单位存在未及时支付劳动报酬的情况。未及时支付劳动报酬的，根据《劳动合同法》及当时适用的《违反和解除劳动合同的经济补偿办法》（现已失效），都属于需要支付经济补偿金的情形，即原告可以主张2005年至2015年期间10年换算成10个月的经济补偿金，并且根据《劳动合同法》第九十六条第三款，分段计算。但是因为《违反和解除劳动合同的经济补偿办法》规定的经济补偿金标准仅工资报酬的百分之二十五，因此原告就按照"降低工作报酬未与劳动者协商，要求解除合同"为由，主张了以平均工资为基数的8个月经济补偿金。法院支持了该主张。

三、管理建议

前文案例中，未足额支付加班工资、拖欠劳动报酬、未经协商即单方降低劳动条件都属于应当支付经济补偿金的情形。这类情况在供电公司的直签类员工中管控较好，但不排除劳务派遣公司存在此种情况。因此还是需要加强劳务派遣公司的管控。相关内容在其他专题已有表述，在此不作赘述。

四、参考案例

无。

用人单位与劳动者签订协议处分经济补偿有效

一、案情简介

案号： （2017）粤 0402 民初 337 号、（2017）粤 04 民终 1625 号 201802

案情简介： 原告于 2011 年 5 月 5 日入职，工作内容包括劳动合同备案、社会保险相关事宜等。原被告未签订书面劳动合同，但办理了劳动合同备案，备案的合同期限届满日期为 2016 年 9 月 30 日。双方于 2016 年 9 月 30 日签署了协议书，协商一致于 2016 年 9 月 30 日起终止双方的劳动关系。被告公司支付原告经济补偿金 5.5 个月工资 12650 元。原告书面承诺自愿于本协议签订之日起与被告终止劳动关系，并放弃因与被告存在劳动关系而对被告享有的一切权利。后原告以被告违法解除劳动合同等为由申请劳动仲裁，被驳回仲裁请求。原告不服劳动仲裁裁决，在法定期限内提出起诉。

一审法院认为，原被告之间已履行的协议，不违反法律、行政法规的强制性规定，且不存在欺诈、胁迫或者乘人之危情形的，应当认定有效。一审判决驳回原告的诉讼请求。二审维持原判。

二、法律分析

（一）关键法条
《劳动合同法》

第二十六条　下列劳动合同无效或者部分无效：

（一）以欺诈、胁迫的手段或者乘人之危，使对方在违背真实意思的情况下订立或者变更劳动合同的；

（二）用人单位免除自己的法定责任、排除劳动者权利的；

（三）违反法律、行政法规强制性规定的。

对劳动合同的无效或者部分无效有争议的，由劳动争议仲裁机构或者人民法院确认。

《劳动争议调解仲裁法》

第四条　发生劳动争议，劳动者可以与用人单位协商，也可以请工会或者第三方共同与用人单位协商，达成和解协议。

最高人民法院《关于审理劳动争议案件适用法律若干问题的解释（三）》法释〔2010〕12号

第十条　劳动者与用人单位就解除或者终止劳动合同办理相关手续、支付工资报酬、加班费、经济补偿或者赔偿金等达成的协议，不违反法律、行政法规的强制性规定，且不存在欺诈、胁迫或者乘人之危情形的，应当认定有效。

前款协议存在重大误解或者显失公平情形，当事人请求撤销的，人民法院应予支持。

《企业劳动争议协商调解规定》人力资源和社会保障部发布　自2012年1月1日起施行

第十一条　协商达成一致，应当签订书面和解协议。和解协议对双方当事人具有约束力，当事人应当履行。

经仲裁庭审查，和解协议程序和内容合法有效的，仲裁庭可以将其作为证据使用。但是，当事人为达成和解的目的作出妥协所涉及的对争议事实的认可，不得在其后的仲裁中作为对其不利的证据。

（二）要点简析

1. 用人单位与劳动者自愿签订协议有效

根据最高人民法院《关于审理劳动争议案件适用法律若干问题的解释（三）》第十条，劳动者与用人单位就解除或者终止劳动合同办理相关手续、支付工资报酬、加班费、经济补偿或者赔偿金等达成的协议，不违反法律、行政法规的强制性规定，且不存在欺诈、胁迫或者乘人之危情形的，应当认定有效。前文案例中，原告作为一名完全民事行为能力人，在签署协议书的同时，应对实施该民事行为所产生的法律后果有充分的认知及预见能力。况且原告的工作内容包括劳动合同备案等相关人事工作，对是否签订书面劳动合同，应尽到比其他非从事相关工作的人员更高的注意义务，对签订协议书后产生的法律后果应比其他非从事人事相关工作的人员更了解。双方签订并已履行了协议，原告要求被告公司另行赔付，有违诚信原则。据此对原告的各项诉讼请求，一审法院不予支持。

2. 双方签订协议后，仍可提起仲裁或诉讼

劳动者和用人单位在劳动关系存续期间所产生的权利和义务属于民

事权利和民事义务，属于私法范畴，在不违反法律规定的情况下，当事人可以进行自由处分。但是签订协议并不代表用人单位或劳动者就不能反悔并申请仲裁和诉讼。只是双方当事人申请仲裁和诉讼后，如果协议不违反法律、行政法规的强制性规定，且起诉方不能证明存在欺诈、胁迫或者乘人之危、重大误解或者显失公平等情形的，法院一般认为协议有效，应当履行。

三、管理建议

1. 用人单位应避免与劳动者签订违反法律法规的无效协议或条款

用人单位在与劳动者签订和解协议时，担心劳动者再申请仲裁或者起诉，在协议中约定：劳动者签订本协议后，不得再向劳动部门进行投诉，不得申请仲裁和提起诉讼。如前所述，申请仲裁和提起诉讼属于公法权利，不属于民事权利义务，当事人不能自由处分。因此，如果协议约定当事人任何一方不得再提起诉讼、仲裁，该约定违反了法律规定，属于无效协议或条款。如果用人单位为了防止此类纠纷，可以在协议或条款中约定：本协议签订后，劳动者放弃超出上述约定的款项的权利，双方劳动关系存续及解除而引起的劳动关系权利和义务已一次性全部了结。

2. 签订协议对项目的约定应尽量完整和明确

劳动争议的项目包括薪酬、加班工资、年休假、工伤赔偿、经济补偿金、经济赔偿等。劳动者可以就其中一项或多项提起仲裁或诉讼。如先起一案主张工伤保险待遇，再另起一案主张经济赔偿金。在处理过程中，用人单位可能出现误判，与劳动者就已发生的争议签订协议，导致同一当事人的案件重复发生。为了稳妥起见，用人单位可以穷尽列举劳动者可能获得的赔偿项目，并进行兜底约定。

四、参考案例

案例：双方关于处分用工待遇的协议合法有效

案号：（2015）衡蒸民一初字第 282 号、（2016）湘 04 民终 396 号、（2015）衡蒸民一初字第 283 号、（2016）湘 04 民终 449 号 2016-05-13

案情简介：2007 年 1 月，被告梁某等人被派遣至电业局从事专职驾驶员工作。2010 年 12 月 31 日，被告与原派遣公司终止劳动合同。2011 年 11 月 27 日，被告梁某被派遣原告供电公司下属某公司车辆管理所从事专职驾驶员工作，原告发放给被告一张"某电业局"的工作证及一张"某电业局"的出入证。工作证上载明被告所属部门为车辆管理所，出入证上载明被告所属部门为某公司。2012 年 1 月 1 日，被告梁某与该公司签订劳动合同书，合同为固定期限从 2011 年 11 月 27 日起至 2013 年 11 月 26 日止。合同第三条第（二）项约定："被告梁某为综合计算工时工作制"。2013 年 12 月 20 日，被告梁某以"因身体原因，不能胜任本职工作"为由向原告递交辞职报告，并出具有其签名的承诺书一份，内容为："于 2013 年 12 月 20 日收到某供电公司支付 21382 元款项后，本人将不再以任何用工相关问题为由向某供电公司主张任何相关权利，也与某供电公司不存在任何债权债务关系。特此承诺"。2014 年 9 月 29 日，被告梁某申请劳动仲裁，请求某供电公司、劳务派遣公司支付加班双倍工资报酬 108393.38 元、带薪年休假工资报酬 8629.95 元。2015 年 6 月 1 日，劳动仲裁裁决供电公司支付被告加班工资差额 19074 元及年休假工资 2940 元。供电公司不服向法院起诉。一审法院认为，被告已向供电公司书面承诺双方间不存在任何债权债务关系，也不再以任何用工问题向原告主张任何相关权利，故原告无需支付被告加班工资 19074 元及年休假工资 2940 元。二审驳回梁某的上诉，维持原判。

职 务 行 为 篇

发生在员工抢修路上的交通事故由单位担责

一、案情简介

案号：（2014）武民一初字第 791 号（2015）衡民一终字第 214 号

案情简介：2014 年 10 月 4 日，被告某供电所所长李某给被告农电工付某出具派工单，要求其前往某村维修电表箱。供电所只有一辆维修车，事发当日已派出。付某驾私家车前往维修，回来路上行至原告孙某的家门口处，与坐在老年椅上的孙某发生交通事故，造成孙某受伤。该事故经交通部门认定：付某承担此事故全部责任，孙某不承担此事故责任。付某车辆有交强险一份。原告孙某受伤后超出交强险的损失医疗费计 211753.26 元，且需后续治疗。治疗期间被告付某自愿赔偿原告孙某医疗费 3 万元并已给付。

一审法院认为：执行工作任务应包括去工作地点的路上和完成任务回来的路上，被告付某发生事故是在执行工作任务期间，被告供电所作为合法的用人单位，对此应当承担赔偿责任。判决被告供电所赔偿原告孙某医疗费 181753.26 元。原告孙某尚需继续治疗，可待后续治疗完毕后再依法主张其他相关损失。被告供电所不服上诉。

二审法院认为：员工执行工作任务的地点距离工作单位有一定距离，必然要有一定的交通工具。付某无论是驾驶本人车辆还是公司车辆，或是任何人车辆发生交通事故，并不影响单位对员工发生交通事故应承担事故责任而承担相应责任的义务。判决驳回供电所的上诉，维持原判。

二、法律分析

（一）关键法条

《侵权责任法》

第十六条　侵害他人造成人身损害的，应当赔偿医疗费、护理费、交通费等为治疗和康复支出的合理费用，以及因误工减少的收入。造成残疾的，还应当赔偿残疾生活辅助具费和残疾赔偿金。造成死亡的，还应当赔偿丧葬费和死亡赔偿金。

第三十四条　用人单位的工作人员因执行工作任务造成他人损害的，由用人单位承担侵权责任。

劳务派遣期间，被派遣的工作人员因执行工作任务造成他人损害的，由接受劳务派遣的用工单位承担侵权责任；劳务派遣单位有过错的，承担相应的补充责任。

第三十五条　个人之间形成劳务关系，提供劳务一方因劳务造成他人损害的，由接受劳务一方承担侵权责任。提供劳务一方因劳务自己受到损害的，根据双方各自的过错承担相应的责任。

最高人民法院《关于审理人身损害赔偿案件适用法律若干问题的解释》法释〔2003〕20 号

第八条　法人或者其他组织的法定代表人、负责人以及工作人员，在执行职务中致人损害的，依照民法通则第一百二十一条的规定，由该法人或者其他组织承担民事责任。上述人员实施与职务无关的行为致人损害的，应当由行为人承担赔偿责任。

第九条　雇员在从事雇佣活动中致人损害的，雇主应当承担赔偿责任；雇员因故意或者重大过失致人损害的，应当与雇主承担连带赔偿责任。雇主承担连带赔偿责任的，可以向雇员追偿。

前款所称"从事雇佣活动"，是指从事雇主授权或者指示范围内的生产经营活动或者其他劳务活动。雇员的行为超出授权范围，但其表现形式是履行职务或者与履行职务有内在联系的，应当认定为"从事雇佣活动"。

最高人民法院《关于适用〈中华人民共和国民事诉讼法〉若干问题的意见》法发〔1992〕22 号（已失效）

42、法人或者其他组织的工作人员因职务行为或者授权行为发生的诉讼，该法人或其他组织为当事人。

最高人民法院《关于适用〈中华人民共和国民事诉讼法〉的解释》法释〔2015〕5 号

第五十六条　法人或者其他组织的工作人员执行工作任务造成他人损害的，该法人或者其他组织为当事人。

（二）要点简析

1. 驾私家车前往工作地点应属于职务行为

执行职务是指完成用人单位授权或者指示范围内的、与行为人职务有关的活动。执行职务的范围，不仅限于直接与用人单位目的有关的行为，还应包括间接与实现目的有关的行为，以及在一般客观上得视为用人单位目的范围内的行为。前文所述案例中，付某到某村的行为是其接受所长指派，前往目的地进行维修操作。供电所也认可付某维修完毕后在出村道路上发生事故，付某前往工作地点及返回的时间和地点均是以接受指派进行工作为目的。因此法院认定付某往返维修地的路途应视为其在执行工作任务，付某对孙某的侵权行为应由其单位供电所承担赔偿责任。

2. 单位组织旅游活动的自愿接送同事不属于职务行为

是否属于职务行为、是否属于执行工作任务的行为，是判定单位是否代替个人承担侵权责任的关键。对于职务行为或执行工作任务的认定，一般从行为与职务之间是否存在必要的内在联系为考量标准，如行为的内容是否是用人单位的工作需要，是否符合用人单位的目的，行为是否以用人单位的名义实施，是否在其职责和权限范围内，是否发生在工作时间和工作场所内等。如文后所列案例 2，法院即认为在单位组织旅游活动中自愿接送同事不属于职务行为，因为行为人作为教师，其工作职责为教师而非司机，其工作地点应为学校而非公共道路。

3. 因员工职务行为而发生的诉讼，用人单位为当事人

根据当时适用的最高人民法院《关于适用〈中华人民共和国民事诉讼法〉若干问题的意见》（已失效）规定，法人或者其他组织的工作人员因职务行为或者授权行为发生的诉讼，该法人或其他组织为当事人。根据现行有效的最高人民法院《关于适用〈中华人民共和国民事诉讼法〉的解释》第五十六条规定，法人或者其他组织的工作人员执行工作任务造成他人损害的，该法人或者其他组织为当事人。前文案例中，法院将供电所作为当事人，判决其直接承担赔偿责任，而不是与付某承担连带责任。

三、管理建议

1. 尽量满足一线生产用车需求

前文案例中，付某所在的供电所仅有的一辆维修车辆，事发时已被派出从事抢修任务，付某因没有公务车辆才驾驶自己的汽车前往维修，

回程途中发生交通事故。如二审法院释明，付某执行工作任务的地点距离其工作单位供电所的位置有一定距离，付某去工作地点必然要有一定的交通工具，付某无论是驾驶本人车辆还是公司车辆，或是任何人车辆发生交通事故，并不影响供电所对付某发生交通事故应承担的事故责任而承担相应责任的义务。这就为供电公司的车辆管理敲响了警钟。员工抢修途中无论驾驶本人车辆还是公司车辆，或是任何人车辆发生交通事故，单位都要承担侵权责任，这就需要供电公司尽量合理安排抢修等生产类用车，同时还要根据本单位的实际情况，针对迎峰度夏、春节等抢修集中时期用车需求密集等，制订相应的规章制度，以降低风险，减少诉讼。

2. 规范企业内部的私车公用现象

本专题所列的几个案例，与供电企业日常管理中存在的私车公用现象，有极大的相似度。供电企业的供电设施、客户遍布城乡各地，大量的电网施工、现场查勘、用电检查、装表接电、抢修作业现场需要由工作人员从一地赶往另一地，期间使用私家车解决交通问题的现象大量存在，而且也不可能取消。毕竟为每一位往返工作地点之间的工作人员配备公务用车是完全不现实的，也会造成极大的资源浪费。既然有现实需要，无法杜绝私车公用现象，建议供电企业借鉴其他企业好的做法，从制度上、日常管理上进一步规范私车公用现象。如要求用于往返于工作地点之间的私家车必须购有交强险及一定额度的商业险、为私家车提供一定的油费补助、在各常用工作地点配置共享电动自行车或电动汽车等，尽量减少私车公用现象和风险。

四、参考案例

案例 1：职务行为致人损害，个人先行承担责任的无法向单位追偿

案号：（2016）鄂 0303 民初 1255 号、（2017）鄂 03 民终 934 号

王某系市交管局民警。依该队规定，早晚交通高峰时段要与其他同事轮流到某立交桥执勤。2014 年 11 月 4 日 18 时许，王某驾驶自有小轿车前往执勤点执晚勤，途中与对向小型轿车发生碰撞，致使被撞车上三人受伤，两车受损。该事故经市交管局事故处理大队认定，王某承担此次交通事故的全部责任。王某所有的小轿车仅投保了机动车交通事故责

任强制保险。就赔偿问题，三名伤者以王某为被告向一审法院提起诉讼，要求赔偿损失共计 168785.38 元。王某自身受伤发生医疗费 651.7 元、车辆修理费 26000 元。王某承担以上赔偿责任后向市交管局追偿未果，故诉至一审法院。

一审另查明，市交管局对执勤民警未安排公务用车，对如何到达执勤地点无规定。一审法院认为，王某自主选择驾驶私家车前往执勤地点，尚未到达执勤地点时发生交通事故，故王某驾车去往执勤地点不属执行职务。判决驳回王某的诉讼请求。

二审法院认为，根据交警队的日常工作安排，王某作为内勤人员在正常下班后，轮流上路值晚勤仍属于其工作任务的延续，应视为履行职务行为。但是王某先行承担侵权责任后，法律并未赋予其向用人单位追偿的权利。综上，一审判决对王某驾车行为的性质认定错误，但判决结果正确，依法驳回上诉，维持原判。

案例 2：参加活动自愿接送同事不属职务行为，单位仅承担选任和安保责任

案号：（2016）鄂 0303 民初 16 号、（2016）鄂 03 民终 2461 号、（2017）鄂民申 966 号

案情简介：2015 年 11 月 21 日，被告某中学组织登山活动。此次参加人员中，一人为领队，运输工具定为五辆私家车，采取自愿带车原则，由包括何某在内的五人自愿报名带车。当天 9 时 20 分许，何某驾驶小轿车途中车辆失控侧翻至路边河沟里，导致车辆严重受损、车上部分人员受伤的交通事故。2015 年 12 月 4 日，市公安交通管理局事故处理大队认定何某承担此次事故的全部责任。何某诉至法院，请求中学承担赔偿责任。一审法院认为，中学作为本次登山活动的实际组织者，在活动实施前未召集活动参加者进行安全提示和风险防控，对此次事故具有一定的过错，应承担相应的民事责任即 40%，何某对损害后果的产生存在重大过失，对其损失应自担 60% 的责任。何某不服上诉。二审法院认为，中学组织活动时并未采取强制、胁迫的手段，何某无异议表示同意，应当视为其自愿带车。何某为中学的教师，其工作职责为教师而非司机，其工作地点应为学校而非公共道路。何某驾驶个人车辆运送教职工参加登山活动的行为与其岗位职业没有直接联系，故不宜认定为履行职务行

为。何某作为此次登山活动的参加者，与中学为活动参加者与活动组织者的关系。中学明知何某驾驶其私家车辆，并不具备道路运输经营许可证，但仍允许何某自愿驾驶私家车运送教职工，其存在选任上的过失，应当承担侵权责任。一审判决认定何某对损害后果的产生存在重大过错，对其损失应承担主要责任，中学承担次要责任，并无不当。何某申请再审，被驳回再审申请。

派遣员工私接工程受伤应自行承担责任

一、案情简介

案号：（2013）夹江民初字第 976 号、（2014）乐民终字第 81 号

案情简介：2013 年 1 月 19 日，房主（被告 2）因扩大房屋需挪动电杆，电话联系村电工（被告 1）。被告 2 在平地基时取走了夯实电杆的夯土。被告 1 叫来原告（另一村电工）一同干活。1 月 20 日上午 10 时许，被告 1 和原告在供电公司明文严禁村电工私自安装工程的情况下，未告知供电公司即到被告 2 家拆除电杆。期间，原告跌落电杆受伤。2013 年 3 月 6 日，社保机构出具认定书，原告受伤系私自揽工所造成的自身伤害，不予以认定为工伤。原告诉至法院，请求供电公司与被告 1、被告 2 对原告的损失承担连带责任。

一审法院认为：原告与被告 1 作为村电工，违反供电公司严禁村电工私接工程的规章制度，且违规操作，被告 2 在平屋基地时从电杆基处取土，导致杆基变薄，均应承担相应责任。一审判决原告与被告 1 对损害后果各承担 35% 的赔偿责任，房主（被告 2）承担 30% 的赔偿责任，供电公司不承担责任。

二审维持原判。

二、法律分析

（一）关键法条

《侵权责任法》

第三十四条　用人单位的工作人员因执行工作任务造成他人损害的，由用人单位承担侵权责任。

最高人民法院《关于审理人身损害赔偿案件适用法律若干问题的解释》法释〔2003〕20 号

第八条　法人或者其他组织的法定代表人、负责人及工作人员，在执行职务中致人损害的，依照《民法通则》第一百二十一条的规定，由该法人或者其他组织承担民事责任。上述人员实施与职务无关的行为致

人损害的，应当由行为人承担赔偿责任。

（二）要点简析

1. 私接工程属于与职务无关的行为

员工行为如果属于职务行为造成侵权的，如驾车前往工作地点等，则根据《侵权责任法》第三十四条等规定，造成侵权相应的后果由用人单位承担。但是，如果员工的行为与职务行为无关，则应根据最高人民法院《关于审理人身损害赔偿案件适用法律若干问题的解释》，由行为人自行承担赔偿责任。前文案例中，伤者作为派遣至供电公司工作的人员，理应遵守用人单位的规章制度，但其私自承接搬移电杆工程，且直接向房主收取相应的费用后不上交给单位，故此，所受伤害供电公司不承担赔偿责任。

2. 私接工程受到伤害不能认定为工伤

前文案例中，原告曾申请工伤认定，被社保机构以受伤系私自揽工所造成的自身伤害为由，不予以认定为工伤。笔者曾查找到该案的执行裁定。虽然法院判决两被告承担赔偿责任，但事实上因为"被执行人无可供执行的财产"而终止了执行程序，作为伤者，可谓损失惨重。此类案例，警示类似事件，作为房主，应走正规渠道与供电公司协商电杆迁移；作为供电公司派遣制工作人员，更不应在明知违反单位规章制度的情况下私接工程，最终酿成苦果。

三、管理建议

1. 完善单位规章制度，严禁员工私接工程

对于工程施工等容易发生私接业务的岗位，供电企业应在双方的劳动合同中，或者要求派遣单位在劳动合同中明确约定严禁员工私接工程的具体条款，同时完善本单位的规章制度，对员工私接工程的行为认定、处理办法等作出明确规定，并以组织学习并签字等方式，留存证据证明员工确已知晓该类规定。

2. 加大员工私接工程的查处力度，杜绝私接工程行为

员工私接电力工程，不仅存在安全风险，还有很大的廉政风险、舆情风险，必须严控。供电公司一是要主动发现、查处员工私接工程行为，加大工程监督检查的频率和范围，对发现的隐患要限期采取补救措施，

将侥幸心理扼杀在萌芽状态。二是应重视各类信访、投诉中反映出的员工私接工程的线索，发现违纪违法问题要坚决予以处理，追究相关部门和人员的责任，决不姑息。

四、参考案例

案例：向村电工申请临时用电属私自用电，后果不应由供电公司承担

案号：（2015）沧民终字第 3027 号、（2017）冀民申 1039 号

案情简介：被告 2 因建房需要向村电工（被告 3）申请架设临时线路。被告 3 未向供电公司（被告 1）办理手续即为被告 2 接电，因安全保护措施不到位，造成未成年人齐某触电。一审、二审法院判决齐某监护人承担 10% 的责任，房主（被告 2）与村电工（被告 3）连带承担 90% 的责任，供电公司不承担责任。被告 2 不服申请再审，认为被告 3 系被告 1 的工作人员，职责为管理村内用电，其为申请人架设电线线路属于职务行为而非帮工，行为构成表见代理，其行为的后果应由供电公司承担。再审法院认为，申请临时用电应按照规定的程序到当地供电企业办理手续，并交付电费，无论村电工是否为供电公司员工，均不能改变申请人私自用电的行为性质。2017 年 5 月，原审被告 2 的再审申请被驳回。

村聘电工爬杆受伤由村委会承担赔偿责任

一、案情简介

案号：（2013）西民初字第 1867 号（2014）青民五终字第 468 号

案情简介： 2011 年 5 月，被告 2（某村民委员会）雇佣原告为本村电工，由村委配备电工工具，年工资 3000 元。被告 1（供电公司）未对原告进行专业培训，原告也没有电工资格证书，负责对属于村委所有的农田电灌供电设施进行维护管理，并负责收取农业生产用电户的电费交给被告供电公司，村民的照明用电由供电公司所属电工直接收取。原告按照每度用电 1 元的价格向农业生产用电户收取电费，然后按每度 0.6567 元的价格向供电公司交电费。2012 年 6 月 13 日原告在爬上电线杆抄表时，因爬杆脚扣子故障摔下致 10 级伤残。

一审法院认为，原告与村委之间形成劳务关系，应根据双方各自的过错承担相应的责任。被告 1 作为供电部门，对于村委会雇佣未进行专业培训也没有电工资格证书的原告作为电工，未进行制止，并收取原告代收的电费，管理方面存有一定的过错，也应承担相应的责任。根据事故发生的原因及双方的过错程度，判决村民委员会承担 70%的责任，供电公司承担 10%的责任。

二审法院认为，原告攀爬的电杆产权属于村民委员会，根据合同约定应由村民委员会负责运行维护管理。一审判决供电公司承担 10%的责任，没有法律依据。2014 年 6 月，二审改判村委会承担 80%的责任，村电工自行承担 20%的责任。

二、法律分析

（一）关键法条

《侵权责任法》

第二十六条　被侵权人对损害的发生也有过错的，可以减轻侵权人的责任。

第三十五条　个人之间形成劳务关系，提供劳务一方因劳务造成他人损害的，由接受劳务一方承担侵权责任。提供劳务一方因劳务自己受到损害的，根据双方各自的过错承担相应的责任。

《电力法》

第六条　国务院电力管理部门负责全国电力事业的监督管理。国务院有关部门在各自的职责范围内负责电力事业的监督管理。

县级以上地方人民政府经济综合主管部门是本行政区域内的电力管理部门，负责电力事业的监督管理。县级以上地方人民政府有关部门在各自的职责范围内负责电力事业的监督管理。

第七条　电力建设企业、电力生产企业、电网经营企业依法实行自主经营、自负盈亏，并接受电力管理部门的监督。

《电力供应与使用条例》

第十七条　公用供电设施建成投产后，由供电单位统一维护管理。经电力管理部门批准，供电企业可以使用、改造、扩建该供电设施。

共用供电设施的维护管理，由产权单位协商确定，产权单位可自行维护管理，也可以委托供电企业维护管理。

用户专用的供电设施建成投产后，由用户维护管理或者委托供电企业维护管理。

最高人民法院《关于审理人身损害赔偿案件适用法律若干问题的解释》法释〔2003〕20 号

第十四条　帮工人因帮工活动遭受人身损害的，被帮工人应当承担赔偿责任。被帮工人明确拒绝帮工的，不承担赔偿责任；但可以在受益范围内予以适当补偿。

帮工人因第三人侵权遭受人身损害的，由第三人承担赔偿责任。第三人不能确定或者没有赔偿能力的，可以由被帮工人予以适当补偿。

《供电营业规则》1996 年 10 月 08 日电力工业部发布

第五十一条　在供电设施上发生事故引起的法律责任，按供电设施产权归属确定。产权归属于谁，谁就承担其拥有的供电设施上发生事故引起的法律责任。但产权所有者不承担受害者因违反安全或其他规章制度，擅自进入供电设施非安全区域内而发生事故引起的法律责任，以及在委托维护的供电设施上，因代理方维护不当所发生事故引起的法律责任。

（二）要点简析

1. 供电公司对村民委员会产权线路上发生的事故不承担责任

根据《电力供应与使用条例》第十七条及《供电营业规则》第五十一条，用户专用的供电设施建成投产后，由用户维护管理或者委托供电企业维护管理。在供电设施上发生事故引起的法律责任，按供电设施产权归属确定。产权归属于谁，谁就承担其拥有的供电设施上发生事故引起的法律责任。前文案例中，涉案农田电灌供电设施由村民委员会所有，并未移交给供电公司，因此村民委员会应承担在其产权设施上发生事故引起的法律责任，供电公司不应承担赔偿责任。

2. 供电公司对村聘电工不承担管理责任

根据《电力法》第六条、第七条，县级以上地方人民政府经济综合主管部门是本行政区域内的电力管理部门，而供电公司仅是依法实行自主经营、自负盈亏，并接受电力管理部门监督的"电网经营企业"。前文案例中，一审法院认为供电部门对村委会雇佣未进行专业培训，也没有电工资格证书的原告作为电工，未进行制止，并收取原告交纳的电费，管理方面存有一定的过错。二审法院纠正了该错误认识。涉案村电工系村委会所聘，由该村委发放报酬，维护的也是村委产权的供电设施，其是在从事受雇佣活动爬电杆抄电表时摔伤，可以认定原告与村委会之间存在劳务关系，应当按照最高人民法院《关于审理人身损害赔偿案件适用法律若干问题的解释》第十一条规定，雇员在从事雇佣活动中遭受人身损害，雇主应当承担赔偿责任，由雇主即村委会承担相应的责任。同时，根据《侵权责任法》第三十五条，提供劳务一方因劳务自己受到损害的，根据双方各自的过错承担相应的责任。原告作为具有完全民事行为能力人，其在爬杆抄表时未尽到合理的注意义务导致自身受伤，其本身具有过错，应承担相应的责任。

三、管理建议

1. 充分重视产权分界点的约定，明确供电设施运行维护管理责任

在供电设施侵权类案件实务中，不论是触电、爬杆受伤等人身侵权案，还是起火、停电等财产侵权案，首要的证据就是供用电合同中关于产权分界点的约定。因此，要加强对各类供用电合同的管理，不仅要严

格使用统一合同文本，而且要准确、清晰、完整地填写产权分界点条款，准确制作产权分界点的示意图，对维护管理责任条款最好以下划线等着重提示，并根据线路改接、设备改造等实际情况，及时更新供用电合同中关于产权分界点的约定内容，同时还应注意及时续签合同，避免合同超期。

2.《用电检查管理办法》废止后，供电企业仍应规范开展用电检查工作

本案中，原告曾以供电企业对村安全用电有管理义务作抗辩。虽然该理由未被二审采纳，但作为供电企业，仍应认识到自身的用电检查义务。自 2016 年 1 月《用电检查管理办法》废止以来，社会各界对供电企业行使用电检查权存在诸多质疑。供电企业员工自身也存在担心法律保护不够，惧于开展用电检查的情况。《用电检查管理办法》虽已废止，但《电力法》第三十二条、《电力供应与使用条例》第二十四条、《供电监管办法》第七、第九条等生效的法律、法规，仍有关于供电企业开展用电检查的相关规定，供电企业的用电检查义务仍然存在，仍需各级供电企业按照要求的频度、范围，更加规范地做好相应的用电检查工作。

四、参考案例

案例：村聘电工修路灯触电由村委赔偿

案号：（2015）延民初字第 355 号、（2015）新中民一终字第 1138 号

案情简介：被告 1 是村委会的电工，负责本村北部电费的收取及该区域路灯的日常管理维护。2014 年 9 月 13 日，被告 1 负责管理的部分路灯损坏，从本村会计处领取灯泡进行更换，并叫来原告帮忙。原告上电线杆擦灯罩时从电线杆上摔下来造成 9 级伤残。一审法院认为，被告 1 作为村电工，对村委会路灯维护管理方面应当亲自进行，其提供给原告的脚扣损坏，对原告的损失具有主要过错；路灯所有权归村委会所有，原告帮助村电工换路灯灯泡是为了村委会利益，村委会是直接受益人。一审判决被告 1 即村电工承担 60%的责任，村委会承担 20%的责任。二审维持原判。

管片电工叫他人代抄表收费构成表见代理

一、案情简介

案号：（2015）礼民初字第 00442 号、（2016）甘 12 民终 139 号、（2017）甘 12 民再 1 号

案情简介：2015 年 6 月 7 日中午，天下暴雨，村民张某家突然停电。雨停后，张某准备接电时，看见赵某在街道上，便让其帮忙接电。赵某查看线路情况后，发现电线的长度不够，便要求张某去取盘电线。当日 16 时，家人发现张某死于菜园内，一只手被烧干了。事发的用户线接入的是三相四线的 380 伏低压电，接户线长度约 83.15 米。事发后不久，被告将通往原告家的供电线路进行了更改。管理该片的电工是冯某，但赵某受冯某委托，在冯某管理的片区常有抄表收费行为。赵某不具备电工从业资格。一审法院认为，赵某长期代替冯某从事抄电表、收取电费等行为，属于一种表见代理行为，尤其在本案触电事故发生后仍从事电工行为，说明供电公司对农电工履职行为疏于管理监督，故赵某接电所产生的民事责任应由供电公司承担。一审判决供电公司承担 30%的赔偿责任，即 88908 元；原告自行承担 70%的责任，即自行承担 207452 元。双方不服上诉。

二审法院认为，县供电公司将电能表箱安装在电线杆上，进户线计量装置安装不符合技术规程，导致该用户进户线长度约 83.15 米，比规定的接户线 50 米还超过 33.15 米，且中间只有一个支点（电线杆），涉案进户线总长度过长、跨度过大，存在重大安全隐患，且在涉案线路老化、破损时，供电公司对此线路疏于检查，对安全隐患没有及时排除，对电力安全生产疏于管护、监督，其行为存在重大过错，故供电公司对本起触电事故负有主要责任。改判供电公司承担 70%的责任 207452 元。

供电公司申请再审。再审法院经审理重新计算赔偿额度，改判供电公司承担 50%的责任 88870 元。

二、法律分析

（一）关键法条

《民法通则》

第六十三条　公民、法人可以通过代理人实施民事法律行为。

代理人在代理权限内，以被代理人的名义实施民事法律行为。被代理人对代理人的代理行为，承担民事责任。

依照法律规定或者按照双方当事人约定，应当由本人实施的民事法律行为，不得代理。

《合同法》

第四十九条　行为人没有代理权、超越代理权或者代理权终止后以被代理人名义订立合同，相对人有理由相信行为人有代理权的，该代理行为有效。

《侵权责任法》

第十六条　侵害他人造成人身损害的，应当赔偿医疗费、护理费、交通费等为治疗和康复支出的合理费用，以及因误工减少的收入。造成残疾的，还应当赔偿残疾生活辅助具费和残疾赔偿金。造成死亡的，还应当赔偿丧葬费和死亡赔偿金。

第三十四条　用人单位的工作人员因执行工作任务造成他人损害的，由用人单位承担侵权责任。

劳务派遣期间,被派遣的工作人员因执行工作任务造成他人损害的,由接受劳务派遣的用工单位承担侵权责任；劳务派遣单位有过错的，承担相应的补充责任。

第三十五条　个人之间形成劳务关系，提供劳务一方因劳务造成他人损害的，由接受劳务一方承担侵权责任。提供劳务一方因劳务自己受到损害的，根据双方各自的过错承担相应的责任。

（二）要点简析

1. 低压触电侵权适用过错责任原则

原审法院认为，依据法律规定的"高压"包括 1 千伏及其以上电压等级的高压电；1 千伏以下电压等级为非高压电。本案的涉案电压等级为 1 千伏以下，属于低压电，故不适用无过错责任原则，应适用过错责任原则。本案中，首先发生触电事故的线路产权属于原告家，对该线路原告张某有义务管理、维护，其自身应有一定的安全防范意识，但其未尽到安全审慎的义务，在得知线路已经老化，有部分破损后，并未及时提供新线对破损线路让赵某进行更换，更在自身不具备电工技能的情况下，私自接触通电的线路，导致触电身亡，自身应对其死亡后果承担主要责任。

2. 管片电工叫他人代抄表收费构成表见代理

本案的关键是赵某受村管片电工冯某的委托，在村里长期代替冯某从事抄电表、收取电费等行为，该行为被再审法院再次确认为表见代理，判定赵某接电所产生的民事责任应由供电公司承担。

所谓表见代理，是指行为人虽无代理权，但由于本人的行为，造成了足以使善意第三人相信其有代理权的表象，而与善意第三人进行的、由本人承担法律后果的代理行为。根据《民法通则》第六十三条、《合同法》第四十条，表见代理虽然实质上是无权代理，但为了避免对善意第三人造成损害，这种行为无需经过被代理人追认即为有效。关联到前文案例，赵某长期代替冯某从事抄电表、收取电费等行为足以让村民认为赵某是管片电工，因此构成了表见代理。

三、管理建议

1. 规范农电电工日常工作行为的监督和管理

农村电工的管理一直是供电企业日常管理的一个重要组成部分。由此产生的劳动争议、侵权纠纷时有发生，个别还演化成供电企业积案、历史遗留问题。因农村用电设施分散、地理条件复杂，交通相对困难，前文案例中管片电工让他人代为抄表、催费的行为，并非个案，更有个别年轻村电工受聘后又从事第二职业甚至外出打工的情况。不管农电从业人员与供电企业直接建立劳动关系，还是由劳务公司派遣或纯粹劳务分包，供电企业都应加强农电从业人员的管控。特别是对一些不需要每日到供电所坐班的台区经理等岗位，如果此类人员直接与供电企业签订劳动合同，或通过劳务公司建立劳动合同关系，则更应加强日常管理，不能因为其承包了某一片台区的指标及业务，就疏于管理，产生疏漏，更不可默许农电从业人员的违规行为。

2. 规范农村低压表计、进户线的安装和消缺

前文案例对供电企业的责任比例从一审的 30%到二审的 70%，一个重要原因是二审发现供电企业不仅应就冯某的表见代理行为承担责任，还存在表箱安装、进户线距离不符合规范等重大过错，因此加大了供电企业的责任比例。将动力电能表箱安装在电线杆上，进户线计量装置安装不符合技术规程，导致用户进户线长度过长、跨度过大的情况，在农村特别是农网改造不彻底、不到位的地区还是有存在的。这就需要基层供电所规范农村低压表箱、进户线的安装，同时还应加强巡视检查，及时更换老化、破损的导线或表箱，切实减少低压触电安全隐患。

四、参考案例

无。

员工偷盖印章对外借款公司连带偿还 50%

一、案情简介

案号：（2012）山民初字第 572 号

案情简介：2011 年 5 月间，被告 1 向证人马某借款，证人马某要求被告 1 提供担保。2011 年 7 月 26 日，被告 2（某供电公司）出具了内容为被告 1 为我单位员工，我单位愿为被告 1 借王某现金业务作担保愿承担一切经济责任，并加盖被告 2 公司财务专用章的担保书；又出具了内容为今证明我单位员工（被告 1）月收入为 2620 元的收入证明并加盖了上述公章。同年 8 月 4 日，证人马某到原告王某家中打条后取走现金 30 万元，与证人白某一起将 30 万交给被告 1。被告 1 在原告王某提供的格式借款合同上签字捺手印后，将该借款合同及担保书、收入证明交给证人马某，证人马某将借款合同及担保书、收入证明交给原告王某后，抽回其向原告王某所打借条。借款到期后，被告 1 未履行还款义务。原告以借款人（被告 1）、供电公司（被告 2）为被告向法院起诉要求归还借款及利息。2012 年 7 月 27 日，市公安局以被告 1 涉嫌职务侵占为由，对被告 1 立案侦查。2016 年 1 月 25 日，法院以被告 1 为派遣至农电分公司工作的人员，有机会掌握供电公司财务专用章；上述印章在本案担保书及收入证明中被加盖，被告 2 存在对公章管理不严、不善的情形为由，判决供电公司承担二分之一的连带还款责任。

二、法律分析

（一）关键法条

《担保法》

第五条　担保合同是主合同的从合同，主合同无效，担保合同无效。担保合同另有约定的，按照约定。

担保合同被确认无效后，债务人、担保人、债权人有过错的，应当根据其过错各自承担相应的民事责任。

第九条　学校、幼儿园、医院等以公益为目的的事业单位、社会团体不得为保证人。

第十条　企业法人的分支机构、职能部门不得为保证人。

企业法人的分支机构有法人书面授权的，可以在授权范围内提供保证。

第二十九条　企业法人的分支机构未经法人书面授权或者超出授权范围与债权人订立保证合同的，该合同无效或者超出授权范围的部分无效，债权人和企业法人有过错的，应当根据其过错各自承担相应的民事责任；债权人无过错的，由企业法人承担民事责任。

《电子签名法》

第三条　民事活动中的合同或者其他文件、单证等文书，当事人可以约定使用或者不使用电子签名、数据电文。

当事人约定使用电子签名、数据电文的文书，不得仅因为其采用电子签名、数据电文的形式而否定其法律效力。

前款规定不适用下列文书：

（一）涉及婚姻、收养、继承等人身关系的；

（二）涉及土地、房屋等不动产权益转让的；

（三）涉及停止供水、供热、供气、供电等公用事业服务的；

（四）法律、行政法规规定的不适用电子文书的其他情形。

最高人民法院《关于适用〈中华人民共和国担保法〉若干问题的解释》法释〔2000〕44号

第七条　主合同有效而担保合同无效，债权人无过错的，担保人与债务人对主合同债权人的经济损失，承担连带赔偿责任；债权人、担保人有过错的，担保人承担民事责任的部分，不应超过债务人不能清偿部分的二分之一。

第九条　担保人因无效担保合同向债权人承担赔偿责任后，可以向债务人追偿，或者在承担赔偿责任的范围内，要求有过错的反担保人承担赔偿责任。

第十七条　企业法人的分支机构未经法人书面授权提供保证的，保证合同无效。因此给债权人造成损失的，应当根据担保法第五条第二款的规定处理。

企业法人的分支机构经法人书面授权提供保证的，如果法人的书面授权范围不明，法人的分支机构应当对保证合同约定的全部债务承担保证责任。

企业法人的分支机构经营管理的财产不足以承担保证责任的，由企业法人承担民事责任。

企业法人的分支机构提供的保证无效后应当承担赔偿责任的，由分支机构经营管理的财产承担。企业法人有过错的，按照担保法第二十九条的规定处理。

第二十二条　第三人单方以书面形式向债权人出具担保书，债权人接受且未提出异议的，保证合同成立。

主合同中虽然没有保证条款，但是，保证人在主合同上以保证人的身份签字或者盖章的，保证合同成立。

最高人民法院《关于在审理经济纠纷案件中涉及经济犯罪嫌疑若干问题的规定》法释〔1998〕7号

第四条　个人借用单位的业务介绍信、合同专用章或者盖有公章的空白合同书，以出借单位名义签订经济合同，骗取财物归个人占有、使用、处分或者进行其他犯罪活动，给对方造成经济损失构成犯罪的，除依法追究借用人的刑事责任外，出借业务介绍信、合同专用章或者盖有公章的空白合同书的单位，依法应当承担赔偿责任。但是，有证据证明被害人明知签订合同对方当事人是借用行为，仍与之签订合同的除外。

第五条　行为人盗窃、盗用单位的公章、业务介绍信、盖有公章的空白合同书，或者私刻单位的公章签订经济合同，骗取财物归个人占有、使用、处分或者进行其他犯罪活动构成犯罪的，单位对行为人该犯罪行为所造成的经济损失不承担民事责任。

行为人私刻单位公章或者擅自使用单位公章、业务介绍信、盖有公章的空白合同书以签订经济合同的方法进行的犯罪行为，单位有明显过错，且该过错行为与被害人的经济损失之间具有因果关系的，单位对该犯罪行为所造成的经济损失，依法应当承担赔偿责任。

（二）要点简析

1. 被员工偷盖公章担保无效，但企业有过错应承担相应的责任

根据《担保法》第五条、最高人民法院《关于适用〈中华人民共和

国担保法〉若干问题的解释》第七条、第十七条，企业法人的分支机构未经法人书面授权提供保证的，保证合同无效；因此给债权人造成损失的，应当根据其过错各自承担相应的民事责任。担保人承担民事责任的部分，一般不应超过债务人不能清偿部分的二分之一。

如前文案例，供电企业作为国有企业的分支机构，如对外担保，须经国有资产管理机关、出资机构同意或法人书面授权，担保行为才是有效民事行为。原告未举证证明被告的出资人、国有资产管理机关同意其担保、也无供电企业所属法人书面授权，因此，本案担保合同无效。合同无效后，供电企业存在对公章管理不严、不善的情形，造成了公司财务专用章被员工偷盖，原告知道或应当知道被告作为国有企业及法人分支机构对外担保应提供的手续及资料，疏于审查，因此原告及被告对担保合同无效均有过错，供电企业应承担涉案员工不能清偿部分的二分之一的赔偿责任。

2. 企业承担责任后可以向偷盖公章的员工追偿

前文案例中的供电企业如果承担了 50% 的连带清偿责任，则可以依据最高人民法院《关于适用〈中华人民共和国担保法〉若干问题的解释》第九条规定，向偷盖印章的员工追偿。

3. 除清偿责任外，单位还可能承担员工偷盖公章涉嫌犯罪的经济赔偿责任

如果员工偷盖公章是为了虚构事实骗取他人财物的，则有可能构成诈骗。如果偷盖公章是为了将国家财产据为己有的，则有可能构成贪污罪、挪用公款罪。根据最高人民法院《关于在审理经济纠纷案件中涉及经济犯罪嫌疑若干问题的规定》第四、第五条，行为人盗窃、盗用单位的公章、业务介绍信、盖有公章的空白合同书，或者私刻单位的公章签订经济合同，骗取财物归个人占有、使用、处分或者进行其他犯罪活动构成犯罪的，单位对行为人该犯罪行为所造成的经济损失不承担民事责任。行为人私刻单位公章或擅自使用单位公章、业务介绍信、盖有公章的空白合同书以签订经济合同的方法进行的犯罪行为，单位有明显过错的，且该过错行为与被害人的经济损失之间有因果关系的，单位对该犯罪行为所造成的经济损失，依法应当承担赔偿责任。

三、管理建议

1. 规范公司印章管理制度，防范员工偷盖风险

供电企业对印章管理较为规范。各单位的印章管理制度不可谓不全，关键在于是否严格执行。如用印登记不严，管理人员对存放印章的抽屉不上锁或上锁但钥匙未妥善保管，员工拿了一叠材料盖章未逐页审查，机构改革启用新印章后未及时销毁印章等情况，都有可能造成员工夹带、偷盖印章的风险。对于单位公章、财务专用章等重要的印章，务必由责任心强的员工专人专管，尽量做到严格审批，逐页督盖。

2. 注意电子印章的适用范围

根据《电子签名法》第三条规定，电子签名、数据电文不适用于涉及停止供水、供热、供气、供电等公用事业服务的文书。就供电企业而言，经常会收到配合政府部门、司法部门停电的通知，因此有必要关注该条规定，尽量收取符合法律生效要件的书面函件，以避免承担不必要的风险。

四、参考案例

案例： 以单位名义向职工非法集资由单位负责偿还

案号：（2015）修民二初字第 113 号、（2016）豫 08 民终 591 号、（2017）豫 08 民再 8 号

案情简介： 1995 至 1997 年，电力安装公司某商号分五次向原告借款 66000 元，借条上均盖有电力安装公司某商号的公章，经理王某签名并盖私章，约定按年利率 24% 支付借款利息。1997 年 8 月 17 日，该商号经理王某被县公安局逮捕。2002 年 12 月，县人民法院以王某犯非法吸收公众存款罪判处有期徒刑五年，电力安装公司犯非法吸收公众存款罪判处罚金 200000 元。县检察院修检刑诉（2000）45 号起诉书将原告借款列为非法集资起诉，法院判决没有认定。原告等人多次多渠道进行索要借款未果，诉至法院。一审法院认为，电业局开办的电力安装公司具有独立法人资格。"某商号"系县电力安装公司不具备法人资格的经济实体，王某系该经济实体的负责人，王某向其职工出具借条属于职务行为，由于"某商号"并不具备法人资格，故其责任的承担应由具有独立

法人资格的县电力安装公司承担。一审判决被告县电力有限公司归还原告借款本金 66000 元及按银行贷款利率计算的利息。原告上诉要求电力公司与电力有限公司共同承担还款责任，并按借条约定的按年利率 24%支付借款利息。二审、再审驳回。

附录　常见法律法规

[1]《中华人民共和国宪法（2018 修正）》（全国人民代表大会公告第 1 号）（自 2018.3.11 起施行）

[2]《中华人民共和国民法总则》（主席令第 66 号）（自 2017.10.01 起施行）

[3]《中华人民共和国民法通则（2009 修正）》（自 2009.08.27 起施行）

[4]《中华人民共和国刑法（2017 修正）》（自 2017.11.04 起施行）

[5]《中华人民共和国侵权责任法》（主席令第 21 号）（自 2010.07.01 起施行）

[6]《中华人民共和国物权法》（主席令第 62 号）（自 2007.10.01 起施行）

[7]《中华人民共和国担保法》（主席令第 50 号）（自 1995.10.01 起施行）

[8]《中华人民共和国劳动法（2018 修正）》（主席令第 24 号）（自 2018.12.29 起施行）

[9]《中华人民共和国劳动合同法（2012 修正）》（主席令第 73 号）（自 2013.07.01 起施行）

[10]《中华人民共和国合同法》（主席令第 15 号）（自 1999.10.01 起施行）

[11]《中华人民共和国安全生产法（2014 修正）》（主席令第 13 号）（自 2014.12.01 起施行）

[12]《中华人民共和国环境影响评价法（2018 修正）》（主席令第 24 号）（自 2018.12.29 起施行）

[13]《中华人民共和国治安管理处罚法（2012 修正）》（主席令第 67 号）（自 2013.01.01 起施行）

[14]《中华人民共和国社会保险法（2018 修正）》（主席令第 25 号）（自 2018.12.29 起施行）

[15]《中华人民共和国继承法》（主席令第 24 号）（自 1985.10.01 起施行）

[16]《中华人民共和国电力法（2018 修正）》（主席令第 23 号）（自 2018.12.29 起施行）

[17]《中华人民共和国兵役法（2011 修正）》（主席令第 50 号）（自 2011.10.29 起施行）

[18]《中华人民共和国建筑法（2011 修正）》（主席令第 46 号）（自 2011.07.01

起施行）

[19]《中华人民共和国电子签名法（2015 修正）》（主席令第 24 号）（自 2015.04.24
起施行）

[20]《中华人民共和国民事诉讼法（2017 修正）》（主席令第 71 号）（自 2017.07.01
［1］起施行）

[21]《中华人民共和国劳动争议调解仲裁法》（主席令第 80 号）（自 2008.05.01 起
施行）

[22]《信访条例》（国务院令第 431 号）（自 2005.05.01 起施行）

[23]《电力设施保护条例（2011 修订）》（国务院令第 588 号）（自 2011.01.08 起
施行）

[24]《电力供应与使用条例（2016 修订）》（国务院令第 666 号）（自 2016.02.06 起
施行）

[25]《中华人民共和国劳动合同法实施条例》（国务院令第 535 号）（自 2008.09.18
起施行）

[26]《工伤保险条例（2010 修订）》（国务院令第 586 号）（自 2011.01.01 起施行）

[27]《职工带薪年休假条例》（国务院令第 514 号）（自 2008.01.01 起施行）

[28]《无证无照经营查处办法》（国务院令第 684 号）（自 2017.10.01 起施行）

[29]《国务院批转国家经贸委关于加快农村电力体制改革加强农村电力管理意见的
通知》（国发〔1999〕2 号）（自 1999.01.04 起施行）

[30]《国务院关于完善企业职工基本养老保险制度的决定》（国发〔2005〕38 号）
（自 2005.12.03 起施行）

[31]《国务院关于工人退休、退职的暂行办法》（国发〔1978〕104 号）（自 1978.06.02
起施行）

[32]《国务院关于安置老弱病残干部的暂行办法》（自 1978.06.02 起施行）

[33]《国务院办公厅、中央军委办公厅转发民政部总参谋部等部门关于深入贯彻〈退
役士兵安置条例〉扎实做好退役士兵安置工作意见的通知》（国办发〔2013〕78
号）（自 2013.07.10 起施行）

[34]《最高人民法院关于适用〈中华人民共和国民法总则〉诉讼时效制度若干问题
的解释》（法释〔2018〕12 号）（自 2018.07.23 起施行）

[35]《最高人民法院关于适用〈中华人民共和国担保法〉若干问题的解释》（法释
〔2000〕44 号）（自 2003.12.24 起施行）

[36]《最高人民法院关于民事诉讼证据的若干规定（2008 调整）》（自 2008.12.31 起施行）

[37]《最高人民法院关于审理劳动争议案件适用法律若干问题的解释（2008 调整）》（自 2008.12.31 起施行）

[38]《最高人民法院关于审理劳动争议案件适用法律若干问题的解释（二）》（法释〔2006〕6 号）（自 2006.10.01 起施行）

[39]《最高人民法院关于审理劳动争议案件适用法律若干问题的解释（三）》（法释〔2010〕12 号）（自 2010.09.14 起施行）

[40]《最高人民法院关于审理劳动争议案件适用法律若干问题的解释（四）》（法释〔2013〕4 号）（自 2013.02.01 起施行）

[41]《最高人民法院关于审理人身损害赔偿案件适用法律若干问题的解释》（法释〔2003〕20 号）（自 2004.05.01 起施行）

[42]《最高人民法院关于审理工伤保险行政案件若干问题的规定》（法释〔2014〕9 号）（自 2014.09.01 起施行）

[43]《最高人民法院关于在审理经济纠纷案件中涉及经济犯罪嫌疑若干问题的规定》（法释〔1998〕7 号）（自 1998.04.29 起施行）

[44]《最高人民法院关于审理与企业改制相关的民事纠纷案件若干问题的规定》法释〔2003〕1 号（自 2003.02.01 起施行）

[45]《最高人民法院关于贯彻执行〈中华人民共和国民法通则〉若干问题的意见（试行）》（法（办）发〔1988〕6 号）

[46]《最高人民法院关于超过法定退休年龄的进城务工农民在工作时间内因公伤亡的，能否认定工伤的答复》（〔2012〕行他字第 13 号）（自 2012.11.25 起施行）

[47]《最高人民法院行政审判庭关于超过法定退休年龄的进城务工农民因工伤亡的，应否适用〈工伤保险条例〉请示的答复》（〔2010〕行他字第 10 号）（自 2010.03.17 起施行）

[48]《最高人民法院行政审判庭关于离退休人员与现工作单位之间是否构成劳动关系以及工作时间内受伤是否适用〈工伤保险条例〉问题的答复》（〔2007〕行他字第 6 号）（自 2007.07.05 起施行）

[49]《最高人民法院关于不服县级以上人民政府信访行政管理部门、负责受理信访事项的行政管理机关以及镇（乡）人民政府作出的处理意见或者不再受理决定而提起的行政诉讼人民法院是否受理的批复》（〔2005〕行立他字第 4 号）（自

2005.12.12 起施行）

[50]《公安机关办理行政案件程序规定（2018 修正）》（公安部令第 149 号）（自 2019.01.01 起施行）

[51]《实施〈中华人民共和国社会保险法〉若干规定》（人力资源和社会保障部令第 13 号）（自 2011.07.01 起施行）

[52]《劳务派遣暂行规定》（人力资源和社会保障部令第 22 号）（自 2014.03.01 起施行）

[53]《企业劳动争议协商调解规定》（人力资源和社会保障部令第 17 号）（自 2012.01.01 起施行）

[54]《企业职工带薪年休假实施办法》（人力资源和社会保障部令第 1 号）（自 2008.09.18 起施行）

[55]《电磁辐射环境保护管理办法》（国家环境保护局令［第 18 号]）（自 1997.03.25 起施行）

[56]《供电营业规则》（电力工业部令第 8 号）（自 1996.10.08 起施行）

[57]《供电监管办法》（电力监管委员会令第 27 号）（自 2010.01.01 起施行）

[58]《电力设施保护条例实施细则》（国家经贸委、公安部令第 8 号）（自 1999.03.18 起施行）

[59]《国务院法制办公室对〈关于职工参加单位组织的体育活动受到伤害能否认定为工伤的请示〉的复函》（国法秘函〔2005〕311 号）（自 2005.08.17 起施行）

[60]《人力资源和社会保障部关于解决未参保集体企业退休人员基本养老保险等遗留问题的意见》（人社部发〔2010〕107 号）（自 2010.12.23 起施行）

[61]《人力资源和社会保障部关于执行〈工伤保险条例〉若干问题的意见》（人社部发〔2013〕34 号）（自 2013.04.25 起施行）

[62]《人力资源社会保障部关于执行〈工伤保险条例〉若干问题的意见（二）》（人社部发〔2016〕29 号）（自 2016.03.28 起施行）

[63]《关于贯彻执行〈中华人民共和国劳动法〉若干问题的意见》（劳部发〔1995〕309 号）（自 1995.08.04 起施行）

[64]《劳动和社会保障部关于确立劳动关系有关事项的通知》（劳社部发〔2005〕12 号）（自 2005.05.25 起施行）

[65]《劳动部办公厅关于自动离职与旷工除名如何界定的复函》（劳办发〔1994〕48 号）（自 1994.02.08 起施行）

[66]《劳动人事部、国家经济委员会、国家工商行政管理局关于企业职工要求停薪留职问题的通知的补充通知》（劳人计〔1984〕39 号）（1984.09.07 实施）

[67]《〈国务院关于职工工作时间的规定〉的实施办法》（劳部发〔1995〕143 号）（自 1995.03.25 起施行）

[68]《劳动和社会保障部关于职工全年月平均工作时间和工资折算问题的通知（2008）》（劳社部发〔2008〕3 号）（自 2008.01.03 起施行）

[69]《劳动和社会保障部关于非全日制用工若干问题的意见》（劳社部发〔2003〕12 号）（自 2003.05.30 起施行）

[70]《劳动部关于印发〈工资支付暂行规定〉的通知》（劳部发〔1994〕489 号）（自 1995.01.01 起施行）

[71]《劳动部关于企业实行不定时工作制和综合计算工时工作制的审批办法》（劳部发〔1994〕503 号）（自 1995.01.01 起施行）

[72]《电力工业部关于印发〈电力劳动者实行综合计算工时工作制和不定时工作制实施办法〉的通知》（电人教〔1995〕335 号）（自 1995.06.06 起施行）

[73]《信访局关于印发〈信访事项简易办理办法（试行）〉的通知》（国信发〔2016〕8 号）（自 2016.07.01 起施行）

[74]《交通部转发中组部、人事部〈全民所有制企业聘用制干部管理暂行规定〉的通知》（自 1992.02.11 起施行）

[75]《退役士兵安置条例》（国务院、中央军事委员会令第 608 号）（自 2011.11.01 起施行）

[76]《中国工会章程》（2018.10.26 起施行）